黑龙江省煤矿特种作业人员安全技术培训教材

煤矿提升机操作工

主编　韩忠良　郝万年

煤炭工业出版社

·北　京·

内 容 提 要

本书是“黑龙江省煤矿特种作业人员安全技术培训教材”之一。全书共分十二章，主要包括煤矿安全生产方针和法律法规；煤矿生产技术与主要灾害事故防治；煤矿提升机操作工的职业特殊性；煤矿职业病防治和自救、互救及创伤急救；矿井提升系统及设备；矿井提升机；矿井提升机的制动系统与安全保护装置；矿井提升机的电力拖动与控制；矿井提升机安全管理制度与提升系统速度图；矿井提升机安全操作与运行；矿井提升机的维护、检修与事故预防；自救器及互救、创伤急救训练。

本书主要作为煤矿特种作业人员安全技术培训教材使用，也可供其他煤矿工人、基层管理干部和煤炭院校师生学习参考。

《黑龙江省煤矿特种作业人员安全技术培训教材》

编　委　会

《煤矿提升机操作工》编审委员会

主　编　韩忠良　郝万年

副主编　孙明君　张锡清

编　写　栾允超　孟校平　周平福　孙宝成　李铁军

主　审　陈　辉

前　　言

做好煤矿安全生产工作，维护矿工生命财产安全是贯彻习近平总书记提出的红线意识和底线意识的必然要求，是立党为公、执政为民的重要体现，是各级政府履行社会管理和公共服务职能的重要内容。党中央国务院历来对煤矿安全生产工作十分重视，相继颁布了《安全生产法》《矿山安全法》《煤炭法》等有关煤矿安全生产的法律法规。

煤矿生产的特殊环境决定了煤矿安全生产工作必然面临巨大的压力和挑战。而我省煤矿地质条件复杂，从业人员文化素质不高，导致我省煤矿安全生产形势不容乐观。因此，我们必须牢记“安全第一，预防为主，综合治理”的安全生产方针，坚持“管理、装备、培训”三并重的原则，认真贯彻“煤矿矿长保护矿工生命安全七条规定”和“煤矿安全生产七大攻坚举措”，不断强化各类企业、各层面人员的安全生产意识，提高安全预防能力和水平。

众所周知,煤矿从业人员的基本素质是影响煤矿安全生产诸多因素中非常重要的因素之一。因此,加强煤矿从业人员安全教育和安全生产技能培训,提高现场安全管理和防范事故能力尤为重要。为此,我们组织全省煤炭院校部分教授,煤矿安全生产技术专家和部分煤矿管理者,从我省煤矿生产的特点及煤矿特种作业人员队伍现状的角度,结合我省煤矿安全生产实际,编写了《黑龙江省煤矿特种作业人员安全技术培训教材》。该套教材严格按照煤矿特种作业安全技术培训大纲和安全技术考核标准编写,具有较强的针对性、实效性和可操作性。该套教材的合理使用必将对提高我省煤矿安全培训考核质量,提升煤矿特种作业人员的安全生产技能和专业素质起到积极的作用。

“十三五”期间，国家把牢固树立安全发展观念，完善和落实安全生产责任摆上重要位置。我们要科学把握煤矿安全生产工作规律和特点，充分认清面临的新形势、新任务、新要求，把思想和行动统一到党的十八大精神上来，牢固树立培训不到位是重大安全隐患的理念，强化煤矿企业安全生产主体责任、政府和职能部门的监管责任，加强煤矿安全管理和监督，加强煤矿从业人员的安全培训，为我省煤矿安全生产工作打下坚实基础，为建设平安龙江、和谐龙江做出贡献。

《黑龙江省煤矿特种作业人员安全技术培训教材》

编　委　会

2016 年 5 月

《煤矿提升操作工》培训学时安排

<table>
<tr><th colspan="2">项　目</th><th>培 训 内 容</th><th>学时</th></tr>
<tr><td rowspan="15">安全知识
（66 学时）</td><td rowspan="5">安全基础知识
（20 学时）</td><td>煤矿安全生产法律法规与煤矿安全管理</td><td>4</td></tr>
<tr><td>煤矿安全生产技术与主要灾害事故防治</td><td>8</td></tr>
<tr><td>煤矿提升机操作工职业特殊性</td><td>2</td></tr>
<tr><td>职业病防治</td><td>2</td></tr>
<tr><td>自救、互救与创伤急救</td><td>4</td></tr>
<tr><td rowspan="8">安全技术知识
（42 学时）</td><td>矿井提升系统、提升容器、提升钢丝绳</td><td>4</td></tr>
<tr><td>矿井提升机</td><td>6</td></tr>
<tr><td>矿井提升机制动系统与安全保护装置</td><td>8</td></tr>
<tr><td>矿井提升机电力拖动控制与用电安全</td><td>8</td></tr>
<tr><td>矿井提升机的速度图与提升速度</td><td>2</td></tr>
<tr><td>矿井提升信号</td><td>4</td></tr>
<tr><td>提升机事故案例分析</td><td>6</td></tr>
<tr><td>实验参观</td><td>4</td></tr>
<tr><td colspan="2">复习</td><td>2</td></tr>
<tr><td colspan="2">理论考试</td><td>2</td></tr>
<tr><td colspan="2" rowspan="5">实际操作技能
（24 学时）</td><td>矿井提升机的维护、保养与巡回检查</td><td>4</td></tr>
<tr><td>矿井提升机的操作与安全运行</td><td>12</td></tr>
<tr><td>矿井提升机常见故障判断</td><td>4</td></tr>
<tr><td>自救器的使用训练</td><td>2</td></tr>
<tr><td>创伤急救训练</td><td>2</td></tr>
<tr><td colspan="3">合　计</td><td>90</td></tr>
</table>

目　次

第一章　煤矿安全生产方针和法律法规

知识要点

☆ 煤矿安全生产方针

☆ 煤矿安全生产相关法律法规

☆ 安全生产违法行为的法律责任

第一节　煤矿安全生产方针

一、安全生产方针的内容

“安全第一、预防为主、综合治理”是我国安全生产的基本方针，是党和国家为确保安全生产而确定的指导思想和行动准则。根据这一方针，国家制定了一系列安全生产的政策、法律、法规和规程。煤矿从业人员要认真学习、深刻领会安全生产方针的含义，并在本职工作中自觉遵守和执行，牢固树立安全生产意识。

“安全第一”要求煤矿从业人员在工作中要始终把安全放在首位。只有生命安全得到保障，才能调动和激发人们的生活激情和创造力，不能以损害从业人员的生命安全和身心健康为代价换取经济的发展。当安全与生产、安全与效益、安全与进度发生冲突时，必须首先保证安全，做到不安全不生产、隐患不排除不生产、安全措施不落实不生产。

“预防为主”要求煤矿从业人员在工作中要时刻注意预防安全生产事故的发生。在生产各环节要严格遵守安全生产管理制度和安全技术操作规程，认真履行岗位安全职责，采取有效的事前预防和控制措施，强化源头管理，及时排查治理安全生产隐患，积极主动地预防事故的发生，把事故隐患消灭在萌芽之中。

“综合治理”就是综合运用经济、法律、行政等手段，人管、法治、技防多管齐下，搞好全员、全方位、全过程的安全管理，把全行业、全系统、全企业的安全管理看成一个联动的统一体，并充分发挥社会、从业人员、舆论的监督作用，实现安全生产的齐抓共管。

二、落实安全生产方针的措施

1. 坚持“管理、装备、培训”三并重原则

安全生产管理坚持“管理、装备、培训”并重，是我国煤矿安全生产长期生产实践经验的总结，也是我国煤矿落实安全生产方针的基本原则。“管理”是消除人的不良行为

的重要手段，先进有效的管理是煤矿安全生产的重要保证；“装备”是人们向自然作斗争的工具和武器，先进的技术装备不仅可以提高生产效率，解放劳动力，同时还可以创造良好的安全生产环境，避免事故的发生；“培训”是提高从业人员综合素质的重要手段，只有强化培训，提高从业人员素质，才能用好高技术的装备，才能进行高水平的管理，才能确保安全生产的顺利进行。所以，管理、装备、培训是安全生产的三大支柱。

2. 制定完善煤矿安全生产的政策措施

（1）加快法制建设步伐，依法治理安全。

（2）坚持科学兴安战略，加快科技创新。

（3）严格安全生产准入制度。

（4）加大安全生产投入力度。

（5）建立健全安全生产责任制。

（6）建立安全生产管理机构，配齐安全生产管理人员。

（7）建立健全安全生产监管体系。

（8）强化安全生产执法和安全生产检查。

（9）加强安全技术教育培训工作。

（10）强化事故预防，做好事故应急救援工作。

（11）做好事故调查处理，严格安全生产责任追究。

（12）切实保护从业人员合法权益。

3. 落实安全生产“四个主体”责任

落实安全生产方针必须强化责任落实。安全生产是一个责任体系，涉及企业主体责任、政府监管责任、属地管理责任和岗位直接责任“四个主体”责任。企业是安全生产工作的责任主体，企业主要负责人是本单位安全生产工作的第一责任人，对安全生产工作负全面责任。企业应严格执行国家法律法规和行业标准，建立健全安全生产管理制度，加大安全生产投入，强化从业人员教育培训，应用先进设备工艺，及时排查治理安全生产隐患，提高安全管理水平，把安全生产主体责任落实到位；政府监管责任就是政府安全监管部门应依法行使综合监管职权，煤矿监察监管部门应加大监察监管检查力度，加强对重点环节和重要部位的专项整治，依法查处各种非法违法行为；属地管理责任就是各级政府对安全生产工作负有重要责任，对安全生产工作的重大问题、重大隐患，要督促抓好整改落实；岗位直接责任就是对关系安全生产的重点部位、关键岗位，要配强配齐人员，全方位、全过程、全员化执行标准、落实责任，把安全生产责任落到每一位领导、每一个车间、每一个班组、每一个岗位，实现全覆盖。

4. 推进煤矿向“规模化、机械化、标准化和信息化”方向发展

当前，我国煤炭行业在资源配置、产业结构、技术水平、安全生产、环境保护等方面还存在不少突出矛盾，一些生产力水平落后的小煤矿仍然存在，结构不合理仍然是制约我国煤炭行业发展的症结所在。因此，围绕大型现代化煤矿建设，加快推进煤炭行业结构调整，淘汰落后产能，努力推动产业结构的优化升级，建设“规模化、机械化、标准化和信息化”的矿井，这是落实党的安全生产方针的重要举措，也是综合治理的具体表现。规模化不仅可以提高生产能力，提高煤炭资源回收率，降低生产成本，还能提高煤矿的抗风险能力。机械化就是要在采、掘、运一体化上下功夫，实现连续化生产，提高生产效率

和从业人员整体素质，打造专业化从业队伍。标准化就是要求各煤矿都要按照安全标准化建设施工，从完备煤矿生产条件、改善劳动环境上入手，提高安全保障能力和本质安全水平。信息化是指对矿井地理、生产、安全、设备、管理和市场等方面的信息进行采集、传输处理、应用和集成等，从而完成自动化目标。

第二节　煤矿安全生产相关法律法规

一、法律基本知识

法律是由国家制定或认可的，由国家强制力保障实施的，反映统治阶级意志的行为规范的总和。

违法是行为人违反法律规定，从而给社会造成危害，有过错的行为。犯罪是指危害社会、触犯刑律，应该受到刑事处罚的行为。

我国的法律体系以宪法为统帅和根本依据，由法律、行政法规、地方性法规、规章等组成。

1. 宪法

宪法是国家的根本大法，具有最高的法律效力；宪法是母法，其他法是子法，必须以宪法为依据制定；宪法规定的内容是国家的根本任务和根本制度，包括社会制度、国家制度的原则和国家政权的组织以及公民的基本权利义务等内容。

2. 法律

全国人民代表大会和全国人民代表大会常务委员会都具有立法权。法律有广义、狭义两种理解。广义上讲，法律是法律规范的总称。狭义上讲，法律仅指全国人民代表大会及其常务委员会制定的规范性文件。在与法规等一起谈时，法律是指狭义上的法律。

3. 行政法规

行政法规是国务院为领导和管理国家各项行政工作，根据宪法和法律制定的有关政治、经济、教育、科技、文化、外事等内容的条例、规定和办法的总和。

4. 地方性法规

地方性法规是地方国家权力机关依法制定的在本行政区域内具有法律效力的规范性文件。省、自治区、直辖市以及省级人民政府所在地的市和经国务院批准的较大市的人民代表大会及其常务委员会有权制定地方性法规。

5. 规章

规章是行政性法律规范文件。规章有两种：一是国务院各部、委员会、中国人民银行、审计署和具有行政管理职能的直属机构，在本部门的权限内制定的规章，称为部门规章；二是省、自治区、直辖市和较大市的人民政府制定的规章，称为地方政府规章。

二、煤矿安全生产相关法律

1.《中华人民共和国刑法》

《中华人民共和国刑法》是安全生产违法犯罪行为追究刑事责任的依据。

安全生产的责任追究包括刑事责任、行政责任和民事责任。这些处罚由国家行政机关或司法机关作出，处罚的对象可以是生产经营单位，也可以是承担责任的个人。

对企业从业人员安全生产违法行为刑事责任的追究：在生产、作业中违反有关安全管理规定，因而发生重大伤亡事故或者造成其他严重后果的，处三年以下有期徒刑或者拘役；情节特别恶劣的，处三年以上七年以下有期徒刑。强令他人违章冒险作业，因而发生重大伤亡或者造成其他严重后果的，处五年以下有期徒刑或者拘役；情节特别恶劣的，处五年以上有期徒刑。

2.《中华人民共和国劳动法》

《中华人民共和国劳动法》为了保护劳动者的合法权益，调整劳动关系，建立和维护适应社会主义市场经济的劳动制度，促进经济发展和社会进步，根据宪法，制定本法。

3.《中华人民共和国劳动合同法》

劳动合同是制约企业与劳动者之间权利、义务关系的最重要的法律依据，安全生产和职业健康是其中十分重要的内容。劳动合同有集体劳动合同和个人劳动合同两种形式，是在平等、自愿的基础上制定的合法文件，任何企业同劳动者订立的免除安全生产责任的劳动合同都是无效的、违法的。《中华人民共和国劳动合同法》是为了完善劳动合同制度，明确劳动双方当事人的权利和义务，保护劳动者的合法权益，构建发展和谐稳定的劳动关系。

依法订立的劳动合同具有约束力，用人单位与劳动者应当履行劳动合同约定的义务。

4.《中华人民共和国矿山安全法》

《中华人民共和国矿山安全法》中与煤矿从业人员相关的内容如下：

（1）矿山企业从业人员有权对危害安全的行为提出批评、检举和控告。

（2）矿山企业必须对从业人员进行安全教育、培训，未经安全教育、培训的，不得上岗作业。

（3）矿山企业安全生产特种作业人员必须接受专门培训，经考核合格取得操作资格证书的，方可上岗作业。

（4）矿山企业必须对冒顶、瓦斯爆炸、煤尘爆炸、冲击地压、瓦斯突出、火灾、水害等危害安全的事故隐患采取预防措施。

（5）矿山企业主管人员违章指挥、强令从业人员冒险作业，因而发生重大伤亡事故的，依照《中华人民共和国刑法》有关规定追究刑事责任。

（6）矿山企业主管人员对矿山事故隐患不采取措施，因而发生重大伤亡事故的，依照《中华人民共和国刑法》有关规定追究刑事责任。

5.《中华人民共和国安全生产法》

《中华人民共和国安全生产法》的基本内容如下：

（1）生产经营单位安全生产保障的法律制度。

（2）生产经营单位必须保证安全生产资金的投入。

（3）安全生产组织机构和人员管理。

（4）安全生产管理制度。

6.《中华人民共和国煤炭法》

《中华人民共和国煤炭法》与煤矿从业人员相关的规定如下：

（1）明确了要坚持“安全第一、预防为主、综合治理”的安全生产方针。

（2）严格实行煤炭生产许可证制度和安全生产责任制度及上岗作业培训制度。

（3）维护煤矿企业合法权益，禁止违法开采、违章指挥、滥用职权、玩忽职守、冒险作业，以及依法追究煤矿企业管理人员的违法责任等。

三、煤矿安全生产相关法规

1.《煤矿安全监察条例》（国务院令　第296号）

自2000年12月1日起施行。共5章50条，包括总则、煤矿安全监察机构及其职责、煤矿安全监察内容、罚则、附则。其目的是为了保障煤矿安全，规范煤矿安全监察工作，保护煤矿从业人员人身安全和身体健康。

2.《工伤保险条例》（国务院令　第375号）

《工伤保险条例》共67条，制定本条例是为了保障因工作遭受事故伤害或者患职业病的从业人员获得医疗救治和经济补偿，促进工伤预防和职业康复，分散用人单位的工伤风险。

本条例根据2010年12月20日《国务院关于修改〈工伤保险条例〉的决定》修订。施行前已受到事故伤害或者患职业病的从业人员尚未完成工伤认定的，按照本条例的规定执行。

3.《国务院关于预防煤矿生产安全事故的特别规定》（国务院令　第446号）

国务院令第446号明确规定了煤矿15项重大隐患；任何单位和个人发现煤矿有重大安全隐患的，都有权向县级以上地方人民政府负责煤矿安全生产监督管理部门或者煤矿安全监察机构举报。受理的举报经调查属实的，受理举报的部门或者机构应当给予最先举报人1000元至10000元的奖励；煤矿企业应当免费为每位从业人员发放《煤矿职工安全手册》。

四、煤矿安全生产部门重要规章

1.《煤矿安全规程》（安监总局令　第87号）

《煤矿安全规程》包括总则、井工部分、露天部分、职业危害和附则5个部分，共有721条。它是煤矿安全体系中一部重要的安全技术规章，是煤炭工业贯彻落实党和国家安全生产方针和国家有关矿山安全法规的具体规定，是保障煤矿从业人员安全与健康，保护国家资源和财产不受损失，促进煤炭工业现代化建设必须遵循的准则。

2.《煤矿作业场所职业危害防治规定》（安监总局令　第73号）

为加强煤矿作业场所职业病危害的防治工作，保护煤矿从业人员的健康，制定本规定。适用于中华人民共和国领域内各类煤矿及其所属地面存在职业病危害的作业场所职业病危害预防和治理活动。

煤矿应当对从业人员进行上岗前、在岗期间的定期职业病危害防治知识培训，上岗前培训时间不少于4学时，在岗期间的定期培训时间每年不少于2学时。对接触职业危害的从业人员，煤矿企业应按照国家有关规定组织上岗前、在岗期间和离岗时的职业健康检查，并将检查结果书面告知从业人员。职业健康检查费用由煤矿承担。

3.《用人单位劳动防护用品管理规范》（安监总厅安健〔2015〕124号）

为规范用人单位劳动防护用品的使用和管理，保障劳动者安全健康及相关权益，根据

《中华人民共和国安全生产法》、《中华人民共和国职业病防治法》等法律、行政法规和规章，制定本规范。本规范适用于中华人民共和国境内企业、事业单位和个体经济组织等用人单位的劳动防护用品管理工作。

4.《防治煤与瓦斯突出规定》（安监总局令　第19号）

该规定要求：防突工作坚持区域防突措施先行、局部防突措施补充的原则；突出矿井采掘工作做到不掘突出头、不采突出面；未按要求采取区域综合防突措施的，严禁进行采掘活动。

5.《煤矿防治水规定》（安监总局令　第28号）

该规定要求：防治水工作应当坚持预测预报、有疑必探、先探后掘、先治后采的原则，采取防、堵、疏、排、截的综合治理措施。水文地质条件复杂和极复杂的矿井，在地面无法查明矿井水文地质条件和充水因素时，必须坚持有掘必探。

规定有以下几个特点：一是对防范重特大水害事故规定更加严格；二是对防治老空水害规定更加严密；三是对强化防治水基础工作作出规定；四是减少了有关防治水的行政审批。

6.《特种作业人员安全技术培训考核管理规定》（安监总局令　第30号）

《特种作业人员安全技术培训考核管理规定》本着成熟一个确定一个的原则，在相关法律法规的基础上，对有关特种作业类别、工种进行了重大补充和调整，主要明确工矿生产经营单位特种作业类别、工种，规范安全监管监察部门职责范围内的特种作业人员培训、考核及发证工作。调整后的特种作业范围共11个作业类别、51个工种。

7.《煤矿领导带班下井及安全监督检查规定》（安监总局令　第33号）

将领导下井带班制度纳入国家安全生产重要法规规章，具有强制性。对领导下井带班的职责和监督事项，对安全监督检查的对象范围、目标任务、责任划分及考核奖惩，对领导下井带班的考核制度、备案制度、交接班制度、档案管理制度以及主要内容，对监督检查的重点内容、方式方法、时间频次等均作了明确的要求。同时，还明确了制度不落实时的经济和行政处罚，并依法进行责任追究。煤矿没有领导带班下井的，煤矿从业人员有权拒绝下井作业。煤矿不得因此降低从业人员工资、福利等待遇或者解除与其订立的劳动合同。

8.《安全生产培训管理办法》（安监总局令　第44号）

《安全生产培训管理办法》自2012年3月1日起施行。原国家安全生产监督管理局（国家煤矿安全监察局）2005年12月28日公布的《安全生产培训管理办法》同时废止。办法规定生产经营单位从业人员是指生产经营单位主要负责人、安全生产管理人员、特种作业人员及其他从业人员。特种作业人员的考核发证按照《特种作业人员安全技术培训考核管理规定》执行。

9.《煤矿安全培训规定》（安监总局令　第52号）

《煤矿安全培训规定》要求煤矿从业人员调整工作岗位或者离开本岗位1年以上（含1年）重新上岗前，应当重新接受安全培训；经培训合格后，方可上岗作业。

10.《国务院安委会关于进一步加强安全培训工作的决定》（安委〔2012〕10号）

对各类生产安全责任事故，一律倒查培训、考试、发证不到位的责任。严格落实“三项岗位”人员持证上岗制度。各类特种作业人员要具有初中及以上文化程度。制定特种作业人员实训大纲和考试标准；建立安全监管监察人员实训制度；推动科研和装备制造企业在安全培训场所展示新装备新技术；提高3D、4D、虚拟现实等技术在安全培训中的应用，组织开发特种作业各工种仿真实训系统。

11.《煤矿矿长保护矿工生命安全七条规定》（安监总局令　第58号）

（1）必须证照齐全，严禁无证照或者证照失效非法生产。

（2）必须在批准区域正规开采，严禁超层越界或者巷道式采煤、空顶作业。

（3）必须确保通风系统可靠，严禁无风、微风、循环风冒险作业。

（4）必须做到瓦斯抽采达标，防突措施到位，监控系统有效，瓦斯超限立即撤人，严禁违规作业。

（5）必须落实井下探放水规定，严禁开采防隔水煤柱。

（6）必须保证井下机电和所有提升设备完好，严禁非阻燃、非防爆设备违规入井。

（7）必须坚持矿领导下井带班，确保员工培训合格、持证上岗，严禁违章指挥。

第三节　安全生产违法行为的法律责任

安全生产违法行为是指安全生产法律关系主体违反安全生产法律法规规定、依法应予以追究责任的行为。它是危害社会和公民人身安全的行为，是导致生产安全事故多发和人员伤亡最为重要的原因。

在安全生产工作中，政府及有关部门、生产单位及其主要负责人、中介机构、生产经营单位从业人员4种主体可能因为实施了安全生产违法行为而必须承担相应的法律责任。安全生产违法行为的法律责任有行政责任、民事责任和刑事责任3种。

一、行政责任

主要是指违反行政管理法规，包括行政处分和行政处罚两种。

1. 行政处分

行政处分的种类有警告、记过、记大过、降级、降职、撤职、留用察看和开除等。

2. 行政处罚

安全生产违法行为行政处罚的种类：①警告；②罚款；③责令改正、责令限期改正、责令停止违法行为；④没收违法所得、没收非法开采的煤炭产品、采掘设备；⑤责令停产停业整顿、责令停产停业、责令停止建设、责令停止施工；⑥暂扣或者吊销有关许可证，暂停或者撤销有关执业资格、岗位证书；⑦关闭；⑧拘留；⑨安全生产法律、行政法规规定的其他行政处罚。

法律、行政法规将前款的责令改正、责令限期改正、责令停止违法行为规定为现场处理措施的除外。

二、民事责任

民事责任是民事主体因违反民事义务或者侵犯他人的民事权利所应承担的法律责任，主要是指违犯民法、婚姻法等。

1. 民事责任的种类

（1）违反合同的民事责任。

（2）侵权的民事责任。

（3）不履行其他义务的民事责任。

2. 民事责任的承担方式

根据发生损害事实的情况和后果，《民法通则》规定了承担民事责任的10种方式：

（1）停止侵害。

（2）排除妨碍。

（3）消除危险。

（4）返还财产。

（5）恢复原状。

（6）修理、重作、更换。

（7）赔偿损失。

（8）支付违约金。

（9）消除影响、恢复名誉。

（10）赔礼道歉。

3. 免除民事责任的情形

免除民事责任是指由于存在法律规定的事由，行为人对其不履行合同或法律规定的义务，造成他人损害不承担民事责任的情况。

（1）不可抗力。

（2）受害人自身过错。

（3）正当防卫。

（4）紧急避险。

三、刑事责任

刑事责任是指触犯了刑事法律，国家对刑事违法者给予的法律制裁。它是法律制裁中最严厉的一种，包括主刑和附加刑。主刑分为管制、拘役、有期徒刑、无期徒刑和死刑。附加刑有罚金、剥夺政治权利、没收财产等。主刑和附加刑可单独使用，也可一并使用。《中华人民共和国安全生产法》《中华人民共和国矿山安全法》都规定了追究刑事责任的违法行为及行为人。因此，违反《中华人民共和国安全生产法》《中华人民共和国矿山安全法》的犯罪行为也应该承担相应的法律责任。

煤矿安全生产相关的犯罪有重大责任事故罪、重大安全事故罪、不报或谎报安全事故罪、危险物品肇事罪、工程重大安全事故罪等。

1. 重大责任事故罪

《中华人民共和国刑法》第一百三十四条规定："在生产、作业中违反有关安全管理规定，因而发生重大伤亡事故或者造成其他严重后果的，处3年以下有期徒刑或者拘役；情节特别严重的，处3年以上7年以下有期徒刑。强令他人违章冒险作业，因而发生重大伤亡事故或者造成其他严重后果的，处5年以下有期徒刑或者拘役；情节特别恶劣的，处5年以上有期徒刑。"

2. 重大安全事故罪

《中华人民共和国刑法》第一百三十五条规定："安全生产设施或者安全生产条件不符合国家规定，因而发生重大伤亡事故或者造成其他严重后果的，对直接负责的主管人员和其他直接责任人员，处3年以下有期徒刑或者拘役；情节特别恶劣的，处3年以上7年以下有期徒刑。"

3. 不报或谎报安全事故罪

《中华人民共和国刑法》第一百三十六条规定："在安全事故发生后，负有报告职责的人员不报或者谎报事故情况，贻误事故抢救，情节严重的，处3年以下有期徒刑或者拘役；情节特别严重的，处3年以上7年以下有期徒刑。"

4. 危险物品肇事罪

《中华人民共和国刑法》第一百三十六条规定："违反爆炸性、易燃性、放射性、毒害性、腐蚀性物品的管理规定，降低工程质量标准，造成重大安全事故，造成严重后果的，处3年以下有期徒刑或者拘役；情节特别严重的，处3年以上7年以下有期徒刑。"

5. 工程重大安全事故罪

《中华人民共和国刑法》第一百三十七条规定："建设单位、设计单位、工程监理单位违反国家规定，降低工程质量标准，造成重大安全事故的，对直接责任人员，处5年以下有期徒刑或者拘役，并处罚金；后果特别严重的，处5年以上10年以下有期徒刑，并处罚金。"

要　点　歌

教育培训是关键　努力学习有经验
考试合格再上岗　安全知识经常讲
安全第一要牢记　预防为主有寓意
综合治理全方位　整体推进才有力
安全原则要领会　培训管理和装备
煤矿标准信息化　机械生产规模大
安全管理属地化　部门监管责任大
责任主体在矿里　岗位责任在自己
遵章守法守纪律　执行标准不放弃
宪法法律和法规　治理安全有权威
违法违规不要做　责任追究不放过
行政民事和刑事　违犯法律受惩治

复习思考题

1. 简述我国煤矿安全生产方针。
2. 落实煤矿安全生产方针有哪些措施？
3. 简述安全生产违法行为的法律责任。

第二章 煤矿生产技术与主要灾害事故防治

知识要点

☆ 矿井开拓
☆ 采煤技术与矿井生产系统
☆ 煤矿井下安全设施与安全标志种类
☆ 瓦斯事故防治与应急避险
☆ 火灾事故防治与应急避险
☆ 煤尘事故防治与应急避险
☆ 水害事故防治与应急避险
☆ 顶板事故防治与应急避险
☆ 冲击地压及地热灾害的防治
☆ 井下安全避险“六大系统”

第一节 矿井开拓

一、矿井的开拓方式

不同的井巷形式可组成多种开拓方式，通常以不同的井硐形式为依据，将矿井开拓方式分成平硐开拓、斜井开拓、立井开拓和综合开拓；按井田内布置的开采水平数目的不同，将矿井开拓方式分为单水平开拓和多水平开拓。

1. 平硐开拓

处在山岭和丘陵地区的矿区，广泛采用有出口直接通到地面的水平巷道作为井硐形式来开拓矿井，这种开拓方式叫做平硐开拓。

平硐开拓的优点：井下出煤不需要提升转载即可由平硐直接外运，因而运输环节和运输设备少、系统简单、费用低；平硐的地面工业建筑较简单，不需结构复杂的井架和绞车房；一般不需设硐口车场，更无需在平硐内设水泵房、水仓等硐室，减少许多井巷工程量；平硐施工条件较好，掘进速度较快，可加快矿井建设；平硐无需排水设备，对预防井下水灾也较有利。例如，垂直平硐开拓方式（图2－1）。

2. 斜井开拓

斜井开拓是我国矿井广泛采用的一种开拓方式，有多种不同的形式，按井田内的划分方式,可分为集中斜井(有的地方也称阶段斜井）和片盘斜井，一般以一对斜井进行开拓。

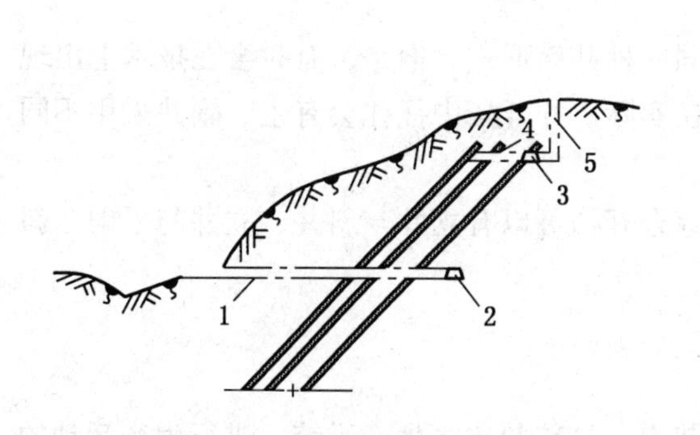

1—平硐；2—运输大巷；3—回风大巷；
4—回风石门；5—风井

图2-1　垂直平硐开拓方式

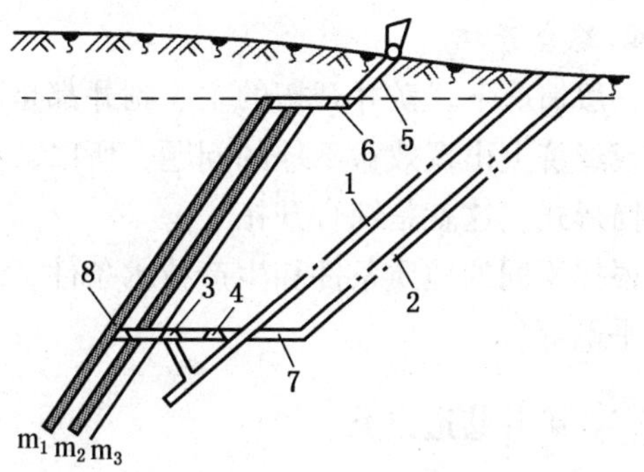

1—主井；2—副井；3—车场绕道；4—集中运输大巷；
5—风井；6—回风大巷；7—副井底部车场；
8—煤层运输大巷；m_1、m_2、m_3—煤层

图2-2　底板穿岩斜井开拓方式

采用斜井开拓时，根据煤层埋藏条件、地面地形以及井筒提升方式，斜井井筒可以分别沿煤层、岩层或穿越煤层的顶、底板布置。例如，底板穿岩斜井开拓方式（图2-2）。

3. 立井开拓

立井开拓除井筒形式与斜井开拓不同外，其他基本都与斜井开拓相同，既可以在井田内划分为阶段或盘区，也可以为多水平或单水平，还可以在阶段内采用分区，分段或分带布置等。

采用立井开拓时，一般以一对立井（主井及副井）进行开拓，装备两个井筒，通常主井用箕斗提升，副井则为罐笼。例如，立井多水平采区式开拓方式（图2-3）。

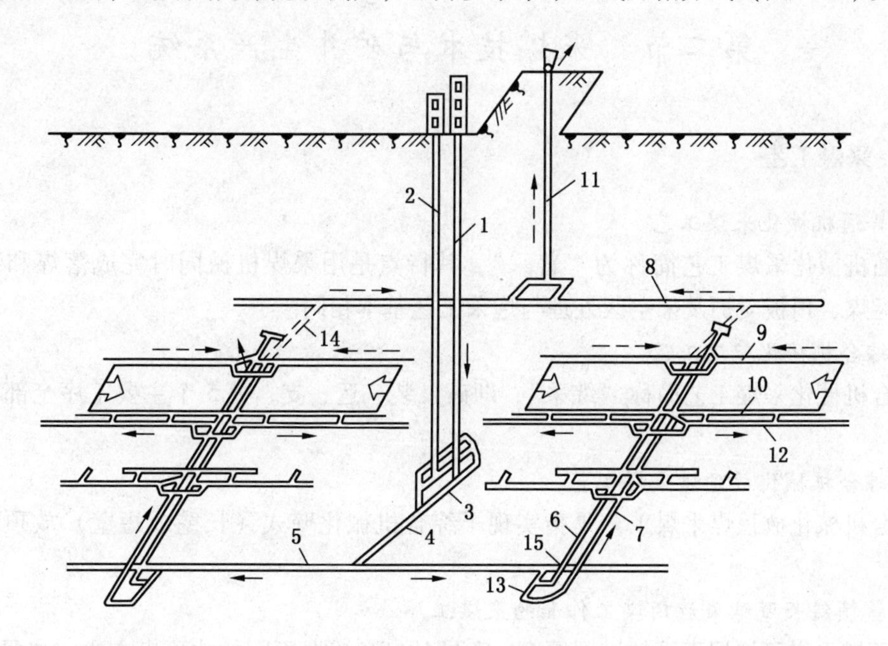

1—主井；2—副井；3—车场；4—石门；5—运输大巷；6—运输上山；7—轨道上山；8—回风大巷；
9—下料巷；10—皮带巷；11—风井；12—下料巷；13—底部车场；14—回风石门；15—煤仓

图2-3　立井多水平采区式开拓方式

4. 综合开拓

一般情况下，矿井开拓的主、副井都是同一种井筒形式。但是，有时会在技术上出现困难或经济上出现效益不佳的问题，所以，在实际矿井开拓中往往会有主、副井采用不同的井筒形式，这就是综合开拓。

根据不同的地质条件和生产技术条件，综合开拓可以有立井与斜井、立井与平硐、斜井与平硐等。

二、矿井巷道分类

矿井巷道包括井筒、平硐和井下的各种巷道，是矿井建立生产系统，进行生产活动的基本条件。

1. 按巷道空间特征分类

矿井巷道按倾角不同可分为垂直巷道、倾斜巷道和水平巷道三大类。

2. 按巷道的服务范围分类

按巷道的服务范围分三类：开拓巷道、准备巷道和回采巷道。

（1）开拓巷道是指为全矿井服务或者为一个及一个以上的阶段服务的巷道，主要有主副立井（或斜井）、平硐、井底车场、主要运输大巷、回风石门及回风大巷等。

（2）准备巷道是指为一个采区或者为两个或两个以上的采煤工作面服务的巷道，主要有采区车场、采区煤仓、采区上下山、采区石门等。

（3）回采巷道是指只为一个工作面服务的巷道，主要有工作面运输巷、工作面回风巷、切眼等。

第二节　采煤技术与矿井生产系统

一、采煤工艺

1. 普通机械化采煤工艺

普通机械化采煤工艺简称为“普采”，其特点是用采煤机械同时完成落煤和装煤工序，而运煤、顶板支护及采空区处理与炮采工艺基本相同。

2. 综合机械化采煤工艺

综合机械化采煤工艺简称“综采”，即破、装、运、支、处5个主要工序全部实现机械化。

3. 综合机械化放顶煤采煤工艺

综合机械化放顶煤采煤工艺是指实现了综合机械化壁式（长壁或短壁）放顶煤的采煤工艺。

4. 缓倾斜长壁综采放顶煤工作面的采煤工序

放顶煤采煤可根据不同的煤层厚度，不同的倾角采取不同的放顶煤方法，主要包括五道基本工序，即割煤、移架、移前部输送机、移后部输送机、放煤。在采煤过程中，当前四道工序循环进行至确定的放煤步距时，在移设完前部输送机以后，就可以开始放煤。

二、采煤方法

采煤方法是指采煤工艺与回采巷道布置及其在时间上、空间上的相互配合，包括采煤系统和采煤工艺两部分。采煤方法种类很多，总的划分为壁式和柱式两大类。

1. 壁式体系特点

(1) 采煤工作面较长，工作面两端至少各有一条巷道，用于通风、运输、行人等，采出的煤炭平行于煤壁方向运出工作面。

(2) 壁式体系工作面产量高，煤炭损失少，系统简单，安全生产条件好。

(3) 巷道利用率低，工艺复杂。

2. 柱式体系特点

(1) 煤壁短，同时开采的工作面多，采出的煤炭垂直于工作面方向运出。

(2) 柱式体系采煤巷道多，掘进率高，设备移动方便。

(3) 通风条件差，采出率低。

三、矿井的主要生产系统

矿井的生产系统有采煤系统，矿井提升与运输系统，通风系统，供电系统，排水系统，压风系统等。它们由一系列的井巷工程和机械、设备、仪器、管线等组成，这里介绍前四种。

(一) 采煤系统

采煤巷道的掘进一般是超前于回采工作进行的。它们之间在时间上的配合以及在空间上的相互位置，称为采煤巷道布置系统，也叫采煤系统。实际生产过程中，有时在采煤系统内会出现一些如采掘接续紧张、生产与施工相互干扰的问题，应在矿井设计阶段或掘进工程施工前统筹考虑解决。

(二) 矿井提升和运输系统

矿井提升和运输系统是生产过程中重要的一环。它担负着煤、矸石、人员、材料、设备与器材的送进、运出工作。其运输、提升系统均按下述路线进行。

由采掘工作面采落的煤、矸石经采区运输巷道运输至储煤仓或放矸小井，放入主要运输大巷以后，由电机车车组运至井底车场，装入井筒中的提升设备，提升到地面装车运往各地。而材料、设备和器材则按相反方向送至井下各工作场所。井下工作人员也是通过这样的路线往返于井下与地面。下面以立井开拓为例，对井下运输系统作一简述。

1. 运煤系统

采煤工作面的煤炭→工作面（刮板输送机）→工作面运输巷（转载机、带式输送机）→煤仓→石门（电机车）→运输大巷→（电机车）→井底车场→井底煤仓→主井（主提升机）→井口煤仓。

2. 排矸系统

掘进工作面的矸石→矿车（蓄电池电机车）→采区轨道上山（绞车）→采区车场→水平大巷（电机车）→井底车场→副井（副井提升机）→地面（电机车）→矸石山。

3. 材料运输系统

地面材料设备库→副井口（副井提升机）→井底车场→水平运输大巷（电机车）→采区

车场→轨道上山(绞车)→区段集中巷(蓄电池机车)→区段材料斜巷(绞车)→工作面材料巷存放点。

4. 井下常用的运输设备

(1) 刮板输送机主要用于工作面运输。

(2) 无极绳运输主要用于平巷运输。

(3) 胶带输送机主要用于采区平巷运输。

(4) 电机车运输主要用于大巷运输。

(三) 通风系统

矿井通风系统是进、回风井的布置方式，主要通风机的工作方法，通风网路和风流控制设施的总称。

矿井通风系统的通风路线：地面新鲜风流→副井→井底车场→主石门→水平运输大巷→采区石门→进风斜巷→工作面进风巷→工作面→回采工作面回风巷→回风斜巷→总回风巷→风井→地面。

(四) 供电系统

煤矿的正常生产，需要许多相关地辅助系统。供电系统是给矿井提供动力的系统。矿井供电系统是非常重要的一个系统。它是采煤、掘进、运输、通风、排水等系统内各种机械、设备运转时不可缺少的动力源网络系统。由于煤矿企业的特殊性，对矿井供电系统要求是绝对可靠，不能出现随意断电事故。为了保证可靠供电，要求必须有双回路电源，同时保证矿井供电。如果某一回路出现故障，另一回路必须立即供电，否则，就会发生重大事故。

一般矿井供电系统：双回路电网→矿井地面变电所→井筒→井下中央变电所→采区变电所→工作面用电点。

煤矿常用的供电设备有变压器、电动机、各种高低压配电控制开关、各种电缆等。煤矿常用的三相交流电额定线电压有 110 kV、35 kV、6 kV、1140 V、660 V、380 V、220 V、127 V 等。

除一般供电系统外，矿井还必须对一些特殊用电点实行专门供电。如矿井主要通风机、井底水泵房、掘进工作面局部通风机、井下需专门供电的机电硐室等。

井下常见的电气设备主要包括变压器、电动机和矿用电缆等。

四、矿井其他系统

1. 矿井供排水系统

为保证煤矿的生产安全，对井下落煤、装煤、运煤等系统进行洒水、喷雾来降尘，且井下的自然涌水、工程废水等都必须排至井外。由排水沟、井底（采区）水仓、排水泵、供水管路、排水管路等形成的系统，其作用就是储水、排水，防止发生矿井水灾事故。

供水系统将保证井下工程用水，特别是防尘用水。矿井供水路线：地面水池→管道→井筒→井底车场→水平运输大巷→采区上(下)山→区段集中巷→区段斜巷→工作面两巷。

在供水管道系统中，有大巷洒水、喷雾、防尘水幕。煤的各个转载点都有洒水灭尘喷头，采掘工作面洒水灭尘喷雾装置；采掘工作面机械设备冷却供水系统等。

矿井水主要来自于地下含水层水、顶底板水、断层水、采空区水及地表水的补给。在生产中必须排到地面。为了排出矿井水，矿井一般都在井底车场处设有专门的水仓及水泵房。水仓一般都有两个，其中一个储水、一个清理。主水泵房在水仓上部，水泵房内装有至少3台水泵，通过多级水泵将水排到地面。

水仓中的水则是由水平大巷内的水沟流入的。在水平运输大巷人行道一侧挖有水沟，水会流向井底车场方向。排水沟需要经常清理，保证水的顺利流动。

水平大巷排水沟的水又来自于各个采区。上山采区的水一般自动流入排水沟。下山采区的水则需要水泵排入大巷水沟，一般在下山采区下部都设有采区水仓，且安装水泵，通过管道将水排到大巷水沟内。

除矿井大的排水系统外，井下采掘工作面有时积水无法自动流出，还需要安装水泵排出，根据水量随时开动水泵排水。

在井下生产中，应注意不要在水沟内堆积坑木和其他杂物，为保持排水畅通，水沟还需定期清理。

2. 压风系统

空气压缩机是一种动力设备，其作用是将空气压缩，使其压力增高且具有一定的能量来作为风动工具（如凿岩机、风镐、风动抓岩机、风动装岩机等）、巷道支护（锚喷）、部分运输装载等采掘机械的动力源。

压气设备主要由拖动设备、空气压缩机及其附属装置（包括滤风器、冷却器、储气罐等）和输气管道等组成。

3. 瓦斯监测系统

我国的瓦斯矿井都要安装瓦斯监控系统。这种系统是在井下采掘工作面及需要监测瓦斯的地方安设多功能探头，这些探头不断监测井下瓦斯的浓度，并将监测的气体浓度通过井下处理设备转变为电信号，通过电缆传至地面主机房。在地面主机房又安设了信号处理器，将电信号转变为数字信号，并在计算机及大屏幕上显示出来。管理人员随时通过屏幕掌握井下各监控点的瓦斯浓度，一旦某处瓦斯超限，井上下会同时报警并自动采取相应的断电措施。

没有安装矿井安全监控系统的矿井的煤巷、半煤岩巷和有瓦斯涌出的岩巷的掘进工作面，必须装备甲烷电闭锁装置或甲烷断电仪和风电闭锁装置。没有装备矿井安全监控系统的无瓦斯涌出的岩巷掘进工作面，必须装备风电闭锁装置，没有装备矿井安全监控系统的矿井采煤工作面，必须装备甲烷断电仪。

4. 煤矿井下人员定位系统

煤矿井下人员定位系统一般由识别卡、位置监测分站、电源箱（可与分站一体化）、传输接口、主机（含显示器）、系统软件、服务器、打印机、大屏幕、UPS 电源、远程终端、网络接口和电缆等组成。

5. 瓦斯抽放系统

瓦斯抽放系统主要分为井上瓦斯泵站抽放系统和井下移动泵站瓦斯抽放系统两种方式。在开采煤层之前首先要把煤层的瓦斯浓度降低到国家要求的安全标准才能进行开采，只有这样才能保证煤矿的安全生产。使用专业的抽放设备和抽放管路抽放井下的瓦斯，首先要在煤层钻孔，插入管路，然后通过聚氨酯密封，再通过井上瓦斯抽放泵或者井下的移动泵站把煤层的瓦斯和采空区的瓦斯抽放到安全地区排空或者加以利用。

第三节 煤矿井下安全设施与安全标志种类

一、煤矿井下安全设施

煤矿井下安全设施是指在井下有关巷道、硐室等地方安设的专门用于安全生产的装置和设备，井下安全设施有以下几种：

1. 防瓦斯安全设施

防瓦斯安全设施主要有瓦斯监测装置和自动报警断电装置等。其作用是监测周围环境空气中的瓦斯浓度，当瓦斯浓度超过规定的安全值时，会自动发出报警信号；当瓦斯浓度达到危险值时，会自动切断被测范围的动力电源，以防止瓦斯爆炸事故的发生。

瓦斯监测和自动报警断电装置主要安设在掘进煤巷和其他容易产生瓦斯积聚的地方。

2. 通风安全设施

通风安全设施主要有局部通风机、风筒及风门、风窗、风墙、风障、风桥和栅栏等。其作用是控制和调节井下风流和风量，供给各工作地点所需要的新鲜空气，调节温度和湿度、稀释空气中的有毒有害气体。

局部通风机、风筒主要安设在掘进工作面及其他需要通风的硐室、巷道；栅栏安设在无风、禁止人员进入的地点；其他通风安全设施安设在需要控制和调节通风的相应地点。

3. 防灭火安全设施

防灭火安全设施主要有灭火器、灭火砂箱、铁锹、水桶、消防水管、防火铁门和防火墙。其作用是扑灭初始火灾和控制火势蔓延。

防灭火安全设施主要安设在机电硐室及机电设备较集中的地点。防火铁门主要安设在机电硐室的出入口和矿井进风井的下井口附近；防火墙构筑在需要密封的火区巷道中。

4. 防隔爆设施

防隔爆设施主要有防爆门、隔爆水袋、水槽、岩粉棚等。其作用是阻止爆炸冲击波、高温火焰的蔓延扩大，减少因爆炸带来的危害。

隔爆水袋、水槽、岩粉棚主要安设在矿井有关巷道和采掘工作面的进、回风巷中；防爆铁门安设在机电硐室的出入口；井下爆炸器材库的两个出口必须安设能自动关闭的抗冲击波活门和抗冲击波密闭门。

5. 防尘安全设施

防尘安全设施主要有喷雾洒水装置及系统。其作用是降低空气中的粉尘浓度，防止煤尘发生爆炸和影响作业人员的身体健康，保持良好的作业环境。

防尘安全设施主要安设在采掘工作面的回风巷道以及转载点、煤仓放煤口和装煤（岩）点等处。

6. 防水安全设施

防水安全设施主要有水沟、排水管道、防水门、防水闸和防水墙等。其作用是防止矿井突然出水造成水害和控制水害影响的范围。

水沟和排水管道设置在巷道一侧，且具有一定坡度，能实现自流排水，若往上排水则需要加设排水泵；其他防水安全设施安设在受水患威胁的地点。

7. 提升运输安全设施

提升运输安全设施主要有罐门、罐帘、各种信号、电铃、阻挡车器。其作用是保证提升运输过程中的安全。

(1) 罐门、罐帘主要安设在提升人员的罐笼口，以防止人员误乘罐、随意乘罐。

(2) 各种信号灯、电铃、笛子、语音信号、口哨、手势等，在提升运输过程中安设和使用，用于指挥调度车辆运行或者表示提升运输设备的工作状态。

(3) 阻挡车器主要安装在井筒进口和倾斜巷道，防止车辆自动滑向井底和防止倾斜巷道发生跑车或防止跑车后造成更大的损失。

8. 电气安全设施

供电系统及各电气设备上需装设漏电继电器和接地装置，其目的是防止发生各种电气事故而造成人身触电等。

9. 避难硐室

避难硐室主要有以下3种：

(1) 躲避硐室指倾斜巷道中防止车辆运输碰人、跑车撞人事故而设置的躲避硐室。

(2) 避难硐室是事先构筑在井底车场附近或采掘工作面附近的一种安全设施。其作用是当井下发生事故时，若灾区人员无法撤退，可以暂时躲避以等待救援。

(3) 压风自救硐室。当发生瓦斯突出事故时，灾区人员可以进入压风自救硐室避灾自救，等待救援。压风自救硐室通常设置在煤与瓦斯突出矿井采掘工作面的进、回风巷，有人工作场所和人员流动的巷道中。

为了使井下各种安全设施经常处于良好状态，真正发挥防止事故发生、减小事故危害的作用，井下从业人员必须自觉爱护这些安全设施，不随意摸动，如果发现安全设施有损坏或其他不正常现象，应及时向有关部门或领导汇报，以便及时进行处理。

二、煤矿井下安全标志种类

煤矿井下安全标志按其使用功能可分为禁止标志，警告标志，指令标志，路标、铭牌、提示标志，指导标志等。

1. 禁止标志

这是禁止或制止人们某种行为的标志。有“禁止带火”“严禁酒后入井（坑）”“禁止明火作业”等16种标志。

2. 警告标志

这是警告人们可能发生危险的标志。有“注意安全”“当心瓦斯”“当心冒顶”等16种标志。

3. 指令标志

这是指示人们必须遵守某种规定的标志。有“必须戴安全帽”“必须携带矿灯”、“必须携带自救器”等9种标志。

4. 路标、铭牌、提示标志

这是告诉人们目标、方向、地点的标志。有“安全出口”“电话”“躲避硐室”等12种标志。

5. 指导标志

这是提高人们思想意识的标志。有“安全生产指导标志”和“劳动卫生指导标志”两种标志。

此外，为了突出某种标志所表达的意义，在其上另加文字说明或方向指示，即所谓“补充标志”。补充标志只能与被补充的标志同时使用。

第四节 瓦斯事故防治与应急避险

一、瓦斯的性质与危害

瓦斯是一种混合气体，其主要成分为甲烷（CH_4，占 90% 以上），所以瓦斯通常专指甲烷。

瓦斯有如下性质及危害：

（1）矿井瓦斯是无色、无味、无臭的气体。要检查空气中是否含有瓦斯及其浓度，必须使用专用的瓦斯检测仪才能检测出来。

（2）瓦斯比空气轻，在风速低的时候它会积聚在巷道顶部、冒落空洞和上山迎头等处，因此必须加强这些部位的瓦斯检测和处理。

（3）瓦斯有很强的扩散性。一处瓦斯涌出就能扩散到巷道附近。

（4）瓦斯的渗透性很强。在一定的瓦斯压力和地压共同作用下，瓦斯能从煤岩中向采掘空间涌出，甚至喷出或突出。

（5）矿井瓦斯具有燃烧性和爆炸性。当瓦斯与空气混合到一定浓度时，遇到引爆源，就能引起燃烧或爆炸。

（6）当井下空气中瓦斯浓度较高时，会相对降低空气中的氧气浓度而使人窒息死亡。

二、瓦斯涌出的形式及涌出量

（一）瓦斯涌出的形式

1. 普通涌出

由于受采掘工作的影响，促使瓦斯长时间均匀、缓慢地从煤、岩体中释放出来，这种涌出形式称为普通涌出。这种涌出时间长、范围广、涌出量多，是瓦斯涌出的主要形式。

2. 特殊涌出

特殊涌出包括喷出和突出。

（1）喷出。在短时间内，大量处于高压状态的瓦斯，从采掘工作面煤（岩）裂隙中突然大量涌出的现象，称为喷出。

（2）突出。在瓦斯喷出的同时，伴随有大量的煤粉（或岩石）抛出，并有强大的机械效应，称为煤（岩）与瓦斯突出。

（二）矿井瓦斯的涌出量

矿井瓦斯的涌出量是指在开采过程中，单位时间内或单位质量煤中放出的瓦斯数量。矿井瓦斯涌出量的表示方法如下：

（1）绝对瓦斯涌出量是指单位时间内涌入采掘空间的瓦斯数量，单位为 m^3/min 或

m^3/d。

（2）相对瓦斯涌出量是指在矿井正常生产条件下，月平均生产 1 t 煤所涌出的瓦斯数量，单位为 m^3/t。

三、瓦斯爆炸预防及措施

瓦斯爆炸就是瓦斯在高温火源的作用下，与空气中的氧气发生剧烈的化学反应，生成二氧化碳和水蒸气，同时产生大量的热量，形成高温、高压，并以极高的速度向外冲击而产生的动力现象。

1. 瓦斯爆炸的条件

瓦斯发生爆炸必须同时具备 3 个基本条件：一是瓦斯的浓度在爆炸界限内，一般为 5% ~16%；二是混合气体中氧气的浓度不低于 12%；三是有足够能量的点火源，一般温度为 650 ~750 ℃以上，且火源存在的时间大于瓦斯爆炸的感应期。瓦斯发生爆炸时，爆炸的 3 个条件必须同时满足，缺一不可。

2. 预防瓦斯积聚的措施

（1）落实瓦斯防治的十二字方针："先抽后采、监测监控、以风定产"，从源头上消除瓦斯的危害。

（2）明确"通风是基础，抽采是关键，防突是重点，监控是保障"的工作思路。

（3）构建"通风可靠、抽采达标、监控有效、管理到位"的煤矿瓦斯综合治理工作体系。

3. 防止引燃瓦斯的措施

（1）严禁携带烟草及点火工具下井；严禁穿化纤衣服入井；井下严禁使用电炉；严禁拆卸、敲打、撞击矿灯；井口房、瓦斯抽放站、通风机房周围 20 m 内禁止使用明火；井下电、气焊工作应严格审批手续并制定有效的安全措施；加强井下火区管理等。

（2）井下爆破工作必须使用煤矿许用电雷管和煤矿许用炸药，且质量合格，严禁使用不合格或变质的电雷管或炸药，严格执行"一炮三检"制度。

（3）加强井下机电和电气设备管理，防止出现电气火花。如局部通风机必须设置风电闭锁和瓦斯电闭锁等。

（4）加强井下机械的日常维护和保养工作，防止机械摩擦火花引燃瓦斯。

4. 发生瓦斯爆炸事故时的应急避险

瓦斯爆炸事故通常会造成重大的伤亡，因此，煤矿从业人员应了解和掌握在发生瓦斯爆炸时的避险自救知识。

瓦斯及煤尘爆炸时可产生巨大的声响、高温、有毒气体、炽热火焰和强烈的冲击波。因此，在避难自救时应特别注意以下几个要点：

（1）当灾害发生时一定要镇静清醒，不要惊慌失措、乱喊乱跑，当听到或感觉到爆炸声响和空气冲击波时，应立即背朝声响和气浪传来的方向，脸朝下，双手置于身体下面，闭上眼睛迅速卧倒。头部要尽量低，有水沟的地方最好趴在水沟边上或坚固的障碍物后面。

（2）立即屏住呼吸，用湿毛巾捂住口、鼻，防止吸入有毒的高温气体，避免中毒或灼伤气管和内脏。

（3）用衣服将自己身上裸露的部分尽量盖严，防止火焰和高温气体灼伤皮肉。

（4）迅速取下自救器，按照使用方法戴好，防止吸入有毒气体。

（5）高温气浪和冲击波过后应立即辨别方向，以最短的距离进入新鲜风流中，并按照避灾路线尽快逃离灾区。

（6）已无法逃离灾区时，应立即选择避难硐室，充分利用现场的一切器材和设备来保护人员和自身的安全。进入避难硐室后要注意安全，最好找到离水源近的地方，设法堵好硐口，防止有害气体进入，注意节约矿灯用电和食品，室外要做好标记，有规律地敲打连接外部的管子、轨道等，发出求救信号。

5. 发生煤与瓦斯突出事故时的应急避险

1）在处理煤与瓦斯突出事故时，应遵循如下原则：

（1）远距离切断灾区和受影响区域的电源，防止产生电火花引起的瓦斯爆炸。

（2）尽快撤出灾区和受威胁区的人员。

（3）派救护队员进入灾区探查灾区情况，抢救遇险人员，详细向救灾指挥部汇报。

（4）发生突出事故后，不得停风和反风，尽快制定恢复通风系统的安全措施。技术人员不宜过多，做到分工明确，有条不紊；救人本着“先外后里、先明后暗、先活后死”原则。

（5）认真分析和观测是否有二次突出的可能，采取相应措施。

（6）突出造成巷道破坏严重、范围较大、恢复困难时，抢救人员后，要对采区进行封闭。

（7）煤与瓦斯突出后，造成火灾或瓦斯爆炸的，按火灾或爆炸事故处理。

2）煤与瓦斯突出事故的应急处理

（1）在矿井通风系统未遭遇到严重破坏的情况下，原则上保持现有的通风系统，保证主要通风机的正常运转。

（2）发生煤（岩）与瓦斯突出时，对充满瓦斯的主要巷道应加强通风管理，防止风流逆转，复建通风系统，恢复正常通风。按规定将高浓度瓦斯直接引入回风道中排出矿井。

（3）根据灾区情况迅速抢救遇险人员，在抢险救援过程中注意突出预兆，防止再次突出造成事故扩大。

（4）要慎重处置灾区和受影响区域的电源，断电作业应在远距离进行，防止产生电火花引起爆炸。

（5）灾区内不准随意启闭电气设备开关，不要扭动矿灯和灯盖，严密监视原有火区，查清楚突出后是否出现新火源，并加以控制，防止引爆瓦斯。

（6）综掘、综采、炮采工作面发生突出时，施工人员佩戴好隔离式自救器或就近躲入压风自救袋内，打开压风并迅速佩戴好隔离式自救器，按避灾路线撤出灾区后，由当班班组长或瓦斯检查员及时向调度室汇报，调度室通知受灾害影响范围内的所有人员撤离。

3）处理煤与瓦斯突出事故的行动原则

一般小型突出，瓦斯涌出量不大，容易引起火灾，除局部灾区由救护队处理外，在通风正常区内矿井通风安全人员可参与抢救工作。

（1）救护队接到通知后，应以最快速度赶到事故地点，以最短路线进入灾区抢救人员。

（2）救护队进入灾区时应保持原有通风状况，不得停风或反风。

（3）进入灾区前，应先切断灾区电源。

（4）处理煤与瓦斯突出事故时，矿山救护队必须携带0～100%的瓦斯监测器，严格监视瓦斯浓度的变化。

（5）救护队进入灾区，应特别观察有无火源，发现火源立即组织灭火。

（6）灾区中发现突出煤矸堵塞巷道，使被堵灾区内人员安全受到威胁时，应采用一切尽可能的办法贯通，或用插板法架设一条小断面通道，救出灾区内人员。

（7）清理时，在堆积处打密集柱和防护板。

（8）在灾区或接近突出区工作时，由于瓦斯浓度异常变化，应严加监视。

（9）煤层有自然发火危险的，发生突出后要及时清理。

第五节　火灾事故防治与应急避险

一、发生火灾的基本要素

热源、可燃物和氧是发生火灾的三要素。以上三要素必须同时存在才会发生火灾，缺一不可。

二、矿井火灾分类

根据引起矿井火灾的火源不同，通常可将矿井火灾分成两大类：一类是外部火源引起的矿井火灾，也叫外因火灾；另一类是由于煤炭自身的物理、化学性质等内在因素引起的火灾，也叫内因火灾。

三、外因火灾的预防

预防外因火灾从杜绝明火与机电火花着手，其主要措施如下：

（1）井下严禁吸烟和使用明火。

（2）井下严禁使用灯泡取暖和使用电炉。

（3）瓦斯矿井要使用安全炸药，爆破要遵守煤矿安全规程。

（4）正确选择矿用型（具有不延燃护套）橡套电缆。

（5）井下和井口房不得从事电焊、气焊、喷灯焊等作业。

（6）利用火灾检测器及时发现初期火灾。

（7）井下和硐室内不准存放汽油、煤油和变压器油。

（8）矿井必须设地面消防水池和井下消防管理系统确保消防用水。

（9）新建矿井的永久井架和井口房，或者以井口房、井口为中心的联合建筑，都必须用不燃性材料建筑。

（10）进风井口应装设防火铁门，防火铁门必须严密并易于关闭，打开时不妨碍提升、运输和人员通行，并应定期维修；如不设防火铁门，必须有防止烟火进入矿井的安全措施。

四、煤炭自燃及其预防

1. 煤炭自燃的初期预兆

（1）巷道内湿度增加，出现雾气、水珠。

（2）煤炭自燃放出焦油味。

（3）巷道内发热，气温升高。

（4）人有疲劳感。

2. 预防煤炭自燃的主要方法

（1）均压通风控制漏风供氧。

（2）喷浆堵漏、钻孔灌浆。

（3）注凝胶灭火。

五、井下直接灭火的方法

（1）水灭火。

（2）砂子或岩粉灭火。

（3）挖出火源。

（4）干粉灭火。

（5）泡沫灭火。

第六节　煤尘事故防治与应急避险

一、矿尘及分类

在矿井生产过程中所产生的各种矿物细微颗粒，统称为矿尘。

矿尘的大小（指尘粒的平均直径）称为矿尘的粒度，各种粒度的矿尘，在全部矿尘中所占的百分数称为矿尘的分散。

（1）按矿尘的成分可分为煤尘和岩尘。

（2）按有无爆炸性可分为有爆炸性矿尘和无爆炸性矿尘。

（3）按矿尘粒度范围可分为全尘和呼吸性粉尘（粒度在 5 μm 以下，能被人吸入支气管和肺部的粉尘）。

（4）矿尘存在可分为浮尘和落尘。

二、煤尘爆炸的条件

（1）煤尘自身具备爆炸危险性。

（2）煤尘云的浓度在爆炸极限范围内。

（3）存在能引燃煤尘爆炸的高温热源。

（4）充足的氧气。

三、煤矿粉尘防治技术

目前，我国煤矿主要采取以风、水为主要介质的综合防尘技术措施，即一方面用水将粉尘湿润捕获；另一方面借助风流将粉尘排出井外。

1. 减尘技术措施

根据《煤矿安全规程》规定，在采掘过程中，为了大量减少或基本消除粉尘在井下飞扬，必须采取湿式钻眼、使用水炮泥、煤层注水、改进采掘机械的运行参数等方法减少粉尘的产生量。

2. 矿井通风排尘

采掘工作面的矿尘浓度与通风的关系非常密切，合理进行通风是控制采掘工作面的矿尘浓度的有效措施之一。应当指出，最优风速不是恒定不变的，它取决于被破碎煤、岩的性质，矿尘的粒度及矿尘的含水程度等。

3. 煤矿湿式除尘技术

湿式除尘是井工开采应用最普遍的一种方法。按作用原理，湿式除尘可分为两类：一是用水湿润，冲洗初生和沉积的粉尘；二是用水捕集悬浮于空气中的粉尘。这两类除尘方式的效果均以粉尘得到充分湿润为前提。喷雾洒水的作用如下：

（1）在雾体作用范围内高速流动的水滴与粉尘碰撞后，尘粒被湿润，并在重力作用下沉降。

（2）高速流动的雾体将其周围的含尘空气吸引到雾体内湿润下沉。

（3）雾体与沉降的粉尘湿润黏结，使之不易二次飞扬。

（4）增加沉积煤尘的水分，预防着火。

4. 个体防护

尽管矿井各生产环节采取了多项防尘措施，但也难以使各作业场所粉尘浓度达到规定，有些作业地点的粉尘浓度严重超标。因此，个体防护是防尘工作中不容忽视的一个重要方面。

个体防护的用具主要包括防尘口罩、防尘帽、防尘呼吸器、防尘面罩等，其目的是使佩戴者既能呼吸净化后的空气，又不影响正常操作。

四、煤尘爆炸事故的应急处置

由于煤尘爆炸应急处置与瓦斯、煤尘爆炸事故的应急处置措施一样，所以这里不做陈述。

五、煤尘爆炸事故的预防措施

1. 防爆措施

矿井必须建立完善的防尘供水系统。对产生煤尘的地点应采取防尘措施，防止引爆煤尘的措施如下：

（1）加强管理，提高防火意识。

（2）防止爆破火源。

（3）防止电气火源和静电火源。

（4）防止摩擦和撞击点火。

2. 隔爆措施

《煤矿安全规程》规定，开采有煤尘爆炸危险性煤层的矿井，必须有预防和隔绝煤尘爆炸的措施。其作用是隔绝煤尘爆炸传播，就是把已经发生的爆炸限制在一定的范围内，不让爆炸火焰继续蔓延，避免爆炸范围扩大，其主要措施有：

（1）采取被动式隔爆方法，如在巷道中设置岩粉棚或水棚。

（2）采取自动式隔爆方法，如在巷道中设置自动隔爆装置等。

（3）制定预防和隔绝煤尘爆炸措施及管理制度，并组织实施。

第七节　水害事故防治与应急避险

水害是煤矿五大灾害之一，水害事故在煤矿重特大事故中占比例较大。

一、矿井水害的来源

形成水害的前提是必须要有水源。矿井水的来源主要是地表水、地下水、老空水、断层水。

二、矿井突水预兆

1. 一般预兆

（1）矿井采、掘工作面煤层变潮湿、松软。

（2）煤帮出现滴水、淋水现象，且淋水由小变大。

（3）有时煤帮出现铁锈色水迹。

（4）采、掘工作面气温低，出现雾气或硫化氢气味。

（5）采、掘工作面有时可听到水的“嘶嘶”声。

（6）采、掘工作面矿压增大，发生片帮、冒顶及底鼓。

2. 工作面底板灰岩含水层突水预兆

（1）采、掘工作面压力增大，底板鼓起，底鼓量有时可达 500 mm 以上。

（2）采、掘工作面底板产生裂隙，并逐渐增大。

（3）采、掘工作面沿裂隙或煤帮向外渗水，随着裂隙的增大，水量增加，当底板渗水量增大到一定程度时，煤帮渗水可能停止，此时水色时清时浊，底板活动时水变浑浊，底板稳定时水色变清。

（4）采、掘工作面底板破裂，沿裂缝有高压水喷出，并伴有“嘶嘶”声或刺耳水声。

（5）采、掘工作面底板发生“底爆”，伴有巨响，地下水大量涌出，水色呈乳白色或黄色。

3. 松散空隙含水层突水预兆

（1）矿井采、掘工作面突水部位发潮、滴水且滴水现象逐渐增大，仔细观察可以发现水中含有少量细砂。

（2）采、掘工作面发生局部冒顶，水量突增并出现流沙，流沙常呈间歇性，水色时清时浊，总的趋势是水量、沙量增加，直至流沙大量涌出。

（3）顶板发生溃水、溃沙，这种现象可能影响到地表。

实际的突水事故过程中，这些预兆不一定全部表现出来，所以在煤矿防治水工作应该细心观察，认真分析、判断。

三、矿井水害事故的应急处置

（1）发生水灾事故后，应立即撤出受灾区和灾害可能波及区域的全部人员。

（2）迅速查明水灾事故现场的突水情况，组织有关专家和工程技术人员分析形成水灾事故的突水水源、矿井充水条件、过水通道、事故将造成的危害及发展趋势，采取针对性措施，防止事故影响的扩大。

（3）坚持以人为本的原则，在水灾事故中若有人员被困时，应制定并实施抢险救人的办法和措施，矿山救护和医疗卫生部门做好救助准备。

（4）根据水灾事故抢险救援工程的需要，做好抢险救援物资准备和排水设备及配套系统的调配的组织协调工作。

（5）确认水灾已得到控制并无危害后，方可恢复矿井正常生产状态。

四、矿井水害的防治

防治水害工作要坚持以防为主，防治结合以及当前和长远、局部与整体、地面与井下、防治与利用相结合的原则；坚持“预测预报、有疑必探、先探后掘、先治后采”的十六字方针；落实“防、堵、疏、排、截”五项措施，根据不同的水文地质条件，采用不同的防治方法，因地制宜，统一规划，综合治理。

五、矿井发生透水事故时应急避险的措施

矿井发生突水事故时，要根据灾区情况迅速采取以下有效措施，进行紧急避险。

（1）在突水迅猛、水流急速的情况下，现场人员应立即避开出水口和泄水流，躲避到硐室内、拐弯巷道或其他安全地点。如情况紧急来不及转移躲避时，可抓牢棚梁、棚腿及其他固定物体，防止被涌水打倒和冲走。

（2）当老空区水涌出，使所在地点有毒有害气体浓度增高时，现场作业人员应立即佩戴好自救器。

（3）井下发生突水事故后，绝不允许任何人以任何借口在不佩戴防护器的情况下冒险进入灾区。否则，不仅达不到抢险救灾的目的，反而会造成自身伤亡，扩大事故。

（4）水灾事故发生后，现场及附近地点工作人员在脱离危险后，应在可能情况下迅速观察和判断突水地点、涌水的程度、现场被困人员等情况并立即报告矿井调度。

第八节　顶板事故防治与应急避险

顶板发生事故主要是指在井下建设、生产过程中，因为顶板冒落、垮塌而造成的人员伤亡、设备损坏和生产停止事故。

一、顶板事故的类型和特点

按一次冒落的顶板范围和伤亡人员多少来划分，常见的顶板事故可分为局部冒顶事故和大面积切顶事故两大类。

1. 局部冒顶事故

局部冒顶事故绝大部分发生在临近断层、褶曲轴部等地质构造部位，多数发生在基本顶来压前后，特别是在直接顶由强度较低、分层厚度较小的岩层组成的情况下。

采煤工作面局部冒顶易发生地点是放顶线、煤壁线、工作面上下出口和有地质构造变化的区域。

掘进工作面局部冒顶事故，易发生在掘进工作面空顶作业地点、木棚子支护的巷道，在倾斜巷道、岩石巷道、煤巷开口处、地质构造变化地带和掘进巷道工作面过旧巷等处。

2. 大面积切顶事故

大面积切顶事故的特点是冒顶面积大、来势凶猛、后果严重，不仅严重影响生产，往往还会导致重大人身伤亡事故。事故原因是直接顶和基本顶的大面积运动。由直接顶运动造成的垮面事故，按其作用力性质和顶板运动时的始动方向又可分为推垮型事故和压垮型事故。

二、顶板事故的危害

(1) 无论是局部冒顶还是大型冒顶，事故发生后，一般都会推倒支架，埋压设备，造成停电、停风，给安全管理带来困难，对安全生产不利。

(2) 如果是地质构造带附近的冒顶事故，不仅给生产造成麻烦，有时还会引起透水事故的发生。

(3) 在瓦斯涌出区附近发生顶板事故将伴有瓦斯的突出，易造成瓦斯事故。

(4) 如果是采、掘工作面发生顶板事故，一旦人员被堵或被埋，将造成人员的伤亡。

顶板冒落预兆有响声、掉渣、片帮、裂缝、脱层、漏顶等。发现顶板冒落预兆时的应急处置包括：

①迅速撤离；②及时躲避；③立即求救；④配合营救。

三、顶板事故的预防与治理

(1) 充分掌握顶板压力分布及来压规律。冒顶事故大都发生在直接顶初次垮落、基本顶初次来压和周期来压过程中。

(2) 采取有效的支护措施。根据顶板特性及压力大小采取合理、有效的支护形式控制顶板，防止冒顶。

(3) 及时处理局部漏顶，以免引起大冒顶。

(4) 坚持“敲帮问顶”制度。

(5) 严格按规程作业。

第九节　冲击地压及矿井热灾害的防治

冲击地压是世界采矿业共同面临的问题，不仅发生在煤矿、非金属矿和金属矿等地下巷道中，而且也发生在露天矿以及隧道等岩体工程中。冲击地压发生的主要原因是岩体应力，而岩体应力除构造应力引起的变异外，一般是随深度增加而增加的上覆岩层自重力。因此，冲击地压存在一个始发深度。由于煤岩力学性质和赋存条件不同，始发深度也不一样，一般为 200 ~ 500 m。

冲击地压发生机理极为复杂，发生条件多种多样。但有两个基本条件取得了大家的共识：一是冲击地压是“矿体—围岩”系统平衡状态失稳破坏的结果；二是许多发生在采掘活动中形成的应力集中区，当压力增加超过极限应力，并引起变形速度超过一定极限时即发生冲击地压。

一、冲击地压灾害的防治

（一）现象及机理

冲击地压是煤岩体突然破坏的动力现象，是矿井巷道和采场周围煤岩体由于变形能的释放而产生以突然、急剧、猛烈破坏为特征的矿山压力现象，是煤矿重大灾害之一。

煤矿冲击地压的主要特征：一是突发性，发生前一般无明显前兆，且冲击过程短暂，持续时间几秒到几十秒；二是多样性，一般表现为煤爆、浅部冲击和深部冲击，最常见的是煤层冲击，也时有顶板冲击、底板冲击和岩爆；三是破坏性，往往造成煤壁片帮、顶板下沉和底鼓，冲击地压可简单地看作承受高应力的煤岩体突然破坏的现象。

（二）防治措施

由于冲击地压问题的复杂性和我国煤矿生产地质条件的多样性，增加了冲击地压防治工作的困难。

（1）采用合理的开拓布置和开采方式。

（2）开采保护层。

（3）煤层预注水。

（4）厚层坚硬顶板的预处理：顶板注水软化和爆破断顶。

二、矿井热灾害的防治

（一）矿井热源分类

（1）地表大气。

（2）流体自压缩。

（3）围岩散热。

（4）运输中煤炭及矸石的散热。

（5）机电设备散热。

（6）自燃氧化物散热。

（7）热水。

（8）人员散热。

（二）矿内热环境对人的影响

（1）影响健康。①热击：即热激，热休克，是指短时间内的高温处理。②热痉挛。③热衰弱。

（2）影响劳动效率。使人极易产生疲劳，劳动效率下降。

（3）影响安全。

（三）矿井热灾害防治措施

井下采、掘工作面和机电硐室的空气温度，均应符合《煤矿安全规程》的规定。为了使井下温度符合安全要求，通常采用下列方式来达到降温目的。

1. 通风降温方法

(1) 合理的通风系统。

(2) 改善通风条件。

(3) 调节热巷道通风。

(4) 其他通风降温措施。

2. 矿内冰冷降温

矿井降温系统一般分为冰冷降温系统和空调制冷降温系统，其中，空调制冷降温系统为冷却水系统。

3. 矿井空调技术的应用

矿井空调技术就是应用各种空气热湿处理手段，调节和改善井下作业地点的气候条件，使之达到规定标准要求。

第十节 井下安全避险“六大系统”

根据《国务院关于进一步加强企业安全生产工作的通知》，煤矿企业建立煤矿井下监测监控、人员定位、紧急避险、压风自救、供水施救和通讯联络等安全避险系统（以下简称安全避险“六大系统”），全面提升煤矿安全保障能力。

一、矿井监测监控系统及用途

1. 矿井监测监控系统

矿井监测监控系统是用来监测甲烷浓度、一氧化碳浓度、二氧化碳浓度、氧气浓度、硫化氢浓度、矿尘浓度、风速、风压、湿度、温度、馈电状态、风门状态、风筒状态、局部通风机开停、主要风机开停等，并实现甲烷超限声光报警、断电和甲烷风电闭锁控制等功能的系统。

2. 矿井监测监控系统的用途

(1) 矿井监测监控系统可实现煤矿安全监控、瓦斯抽采、煤与瓦斯突出、人员定位、轨道运输、胶带运输、供电、排水、火灾、压力、视频场景、产量计量等各类煤矿监测监控系统的远程、实时、多级联网，煤矿应急指挥调度，煤矿综合监管，煤矿自我远程监管，煤炭行业信息共享等功能。

(2) 矿井监测监控系统中心站实行24 h值班制度，当系统发出报警、断电、馈电异常信息时，能够迅速采取断电、撤人、停工等应急处置措施，充分发挥其安全避险的预警作用。

二、井下人员定位系统及用途

1. 井下人员定位系统

井下人员定位系统是用系统标识卡，可由个人携带，也可放置在车辆或仪器设备上，将它们所处的位置和最新记录信息传输给主控室。

2. 井下人员定位系统的用途

(1) 人员定位系统要求定位数据实时传输到调度中心，及时了解井下人员分布情况，方便指挥调度。可对人员和机车的运动轨迹进行跟踪回放，掌握其详细工作路线和时间，在进行救援或事故分析时可提供有效的线索或证明。

（2）所有入井人员必须携带识别卡（或具备定位功能的无线通信设备），确保能够实时掌握井下各个作业区域人员的动态分布及变化情况。建立健全制度，发挥人员定位系统在定员管理和应急救援中的作用。

三、井下紧急避险系统及用途

1. 井下紧急避险系统

井下紧急避险系统是为煤矿生产存在的火灾、爆炸、地下水、有害气体等危险而采取的措施和避险逃生系统。有以下几种：

（1）个人灾害防护装置和设施，使用自救器进行避灾避险。

（2）矿井灾害防护装置和设施，使用避难硐室进行避灾避险。

（3）矿井灾害救生逃生装置和设施，使用井下救生舱进行避灾避险。

2. 井下紧急避险系统用途

（1）紧急避险系统要求入井人员配备额定防护时间不低于 30 min 的自救器。煤与瓦斯突出矿井应建立采区避难硐室，突出煤层的掘进巷道长度及采煤工作面走向长度超过 500 m 时，必须在距离工作面 500 m 范围内建设避难硐室或设置救生舱。

（2）紧急避险系统要求矿用救生舱、避难硐室对外抵御爆炸冲击、高温烟气、冒顶塌陷、隔绝有毒气体，对内为避难矿工提供氧气、食物、水，去除有毒有害气体，为事故突发时矿工避险提供最大可能的生存时间。同时舱内配备有无线通讯设备，引导外界救援。

四、矿井压风自救系统及用途

1. 矿井压风自救系统

当煤与瓦斯突出或有突出预兆时，工作人员可就近进入自救装置内避险，当煤矿井下发生瓦斯浓度超标或超标征兆时，扳动开闭阀体的手把，要求气路通畅，功能装置迅速完成泄水、过滤、减压和消音等动作后，此时防护套内充满新鲜空气供避灾人员救生呼吸。

2. 矿井压风自救系统用途

安装自救装置的个数不得少于井下全员的 1/3。空气压缩机应设置在地面；深部多水平开采的矿井，空气压缩机安装在地面难以保证对井下作业点有效供风时，可在其供风水平以上两个水平的进风井井底车场安全可靠的位置安装，但不得使用滑片式空气压缩机。

五、矿井供水施救系统及用途

1. 矿井供水施救系统

矿井供水施救系统是所有矿井在避灾路线上都要敷设供水管路，在矿井发生事故时井下人员能从供水施救系统上得到水及地面输送下来的营养液。

2. 矿井供水施救系统用途

井下供水管路要设置三通和阀门，在所有采掘工作面和其他人员较集中的地点设置供水阀门，保证各采掘作业地点在灾变期间能够实现提供应急供水的要求。并要加强供水管理维护，不得出现跑、冒、滴、漏现象，保证阀门开关灵活，接入避难硐室和救生舱前的 20 m 供水管路要采取保护措施。

六、矿井通信联络系统及用途

1. 矿井通信联络系统

矿井通信联络系统是运用现代化通信、网络等系统在正常煤矿生产活动中指挥生产，灾害期间能够及时通知人员撤离以及实现与避险人员通话的通信联络系统。

2. 矿井通信系统用途

（1）通信联络系统以无线网络为延伸，在井下设立若干基站，将煤炭行业矿区通信建设成一套完整的集成通信、调度、监控。

（2）主副井绞车房、井底车场、运输调度室、采区变电所、水泵房等主要机电设备硐室和采掘工作面以及采区、水平最高点，应安设电话。

（3）井下避难硐室（救生舱）、井下主要水泵房、井下中央变电所和突出煤层采掘工作面、爆破时撤离人员集中地点等，必须设有直通矿调度室的电话。井下无线通信系统在发生险情时，要及时通知井下人员撤离。

复习思考题

1. 矿井开拓的方式有哪些？
2. 矿井主要生产系统有哪几种？
3. 井下安全设施作用有哪些？
4. 发生瓦斯爆炸如何避险？
5. 煤炭自燃如何预防？
6. 煤尘爆炸的条件有哪些？
7. 矿井水害的防治措施有哪些？
8. 顶板事故如何预防？
9. 如何防治冲击地压？
10. 什么是矿井通信联络系统？

第三章　煤矿提升机操作工职业特殊性

知识要点

☆ 煤矿生产特点及主要危害因素

☆ 煤矿提升机操作工岗位安全职责及在防治灾害中的作用

第一节　煤矿生产特点及主要危害因素

一、煤矿生产特点

黑龙江省大多数煤矿井工开采地质条件复杂，煤层厚度普遍较薄，地方私营煤矿比较多，并且机械化程度不高，现代管理手段相对落后，省企、央企煤矿已经进入深部开采，自然灾害影响日趋严重。煤矿作业的特点主要表现在以下几个方面：

（1）黑龙江省煤矿企业多数为井下作业，环境条件相对艰苦。省企煤矿井深平均在500 m以上，个别煤矿井深度达到1000 m左右，地方煤矿井深平均也在300 m以上，劳动强度大，危险多。

（2）黑龙江省地质条件复杂，自然灾害威胁严重，煤层赋予条件差，构造多，自然灾害影响大，致灾机理复杂，伴生的灾害事故时有发生。矿井瓦斯、煤与瓦斯突出、水、火、煤尘、破碎顶板、冲击地压、热害及有毒有害气体等威胁煤矿安全生产，甚至引发煤矿灾难性重大事故。

（3）黑龙江省煤矿生产工艺复杂。煤矿井下生产具有多工种、多环节、多层面、多系统、立体关系的交叉连续昼夜作业的特点；在采煤、掘进、通风、机电、排水、供电、运输等各系统中，任何工作岗位、地点或环节出现问题都可能酿成事故，甚至造成重大、特大事故。

（4）黑龙江省煤矿工人井下作业时间长，作业地点分散，路线远，劳动强度大，易产生疲惫、反应迟钝、注意力下降、情绪波动。而且作业环境受多种灾害影响，比如有水、火、瓦斯、煤尘、顶板冒落、坠罐和跑车等多种灾害，因此，稍有疏忽极易发生意外。

（5）煤矿作业空间狭窄，活动受限，井下人员密集，一旦疏忽，出现事故，容易造成重大、特大事故和群死群伤事故。煤矿还是工矿各类企业中生产事故及伤亡人员相对数量最多的危险行业。

（6）黑龙江省煤矿机械化程度较低，安全技术装备水平相对落后。省企煤矿的采煤机械化程度相对较高，而国有地方煤矿和乡镇煤矿的采煤机械化程度普遍比较低，平均采煤机械化水平还不到50%。数量众多的小煤矿安全设备水平很低，防御灾害的能力差，存在安全隐患。

（7）黑龙江省煤矿从业人员结构复杂，综合素质不高，有固定工、合同工、协议工等，存在多种用工形式；煤矿用人多，流动性大，管理、培训问题多，一部分从业人员自我保护意识和能力差，违章作业现象时有发生，尤其是地方小煤矿，临时务工人员比例大，工作短期行为、安全侥幸心理给煤矿管理和生产安全带来潜在隐患。

（8）职业危害特别是尘肺病危害严重。据不完全统计，全国煤矿尘肺病患者达30万人，占到全国尘肺病患者一半左右，每年因尘肺病造成直接经济损失有数十亿元，煤矿在职业病预防教育培训，职业健康管理及危害防治方面还远远没有达到国家要求。此外，其他风湿病、腰肌劳损等职业病在煤炭行业也普遍存在。

二、煤矿主要危害因素

1. 地质条件

黑龙江省煤矿中，地质构造复杂或极其复杂的煤矿约占40%，根据调查，大中型煤矿平均井采深度比较深，采深大于500 m的煤矿占30%；小煤矿平均采深300 m，采深超过300 m的煤矿产量占小煤矿总产量的30%。

2. 瓦斯灾害

黑龙江省省企煤矿中，高瓦斯矿井占15%，煤与瓦斯突出矿井占20%。地方国有煤矿和乡镇煤矿中，高瓦斯和煤与瓦斯突出矿井占10%。随着开采深度的增加、瓦斯涌出量的增大，高瓦斯和煤与瓦斯突出矿井的比例还会增加。

3. 水害

黑龙江省煤矿水文地质条件较为复杂。省企煤矿中，水文地质条件属于复杂或极复杂的矿井占30%；私企和乡镇煤矿中，水文地质条件属于复杂或极复杂的矿井占10%。黑龙江省煤矿水害普遍存在，大中型煤矿很多工作面受水害威胁。在个体小煤矿中，有突出危险的矿井也比较多，占总数的5%。

4. 自然发火的危害

黑龙江省具有自然发火危险的煤矿所占比例大，覆盖面广。自然发火危险程度严重或较严重（Ⅰ、Ⅱ、Ⅲ、Ⅳ级）的煤矿占70%。省企煤矿中，具有自然发火危险的矿井占50%。由于煤层自燃，我国每年损失煤炭资源2×10^{8} t左右。

5. 煤尘灾害

黑龙江省煤矿具有煤尘爆炸危险的矿井普遍存在，具有爆炸危险的矿井占煤矿总数的60%以上，煤尘爆炸指数在45%以上的煤矿占15%。省企煤矿中具有煤尘爆炸危险性的煤矿占85%，其中具有强爆炸性的占60%。

6. 顶板危害

黑龙江省煤矿顶板条件差异较大。多数大中型煤矿顶板属于Ⅱ类（局部不平），Ⅲ类（裂隙比较发育）。Ⅰ类（平整）顶板约占11%，Ⅳ类、Ⅴ类（破碎、松软）顶板约占5%，有顶板冒落危险。

7. 机电运输危害

黑龙江省煤矿供电系统、机电设备和运输线路覆盖所有作业地点，电压等级高，设备功率大，运输线路长，倾斜巷道多，运输设备种类复杂，易发生触电，机械、运输伤人，跑车等事故。

8. 冲击地压危害

我国是世界上除德国、波兰以外煤矿冲击地压危害最严重的国家之一。我省大中型煤矿随着开采深度越来越深，冲击地压发生概率就越来越高，省企煤矿具有冲击地压危险的煤矿占20%，由于冲击地压发生时间短，没有预兆，难以预测和控制，危害极大。随着开采深度的增加，有冲击地压矿井的冲击频率和强度在不断增加，没有冲击地压矿井也将会逐渐显现冲击地压。

9. 热害

热害已成为我省矿井的新灾害。我省煤矿中有很多个矿井采掘工作面温度超过26 ℃，其中少数矿井采掘工作面温度超过30 ℃，最高达37 ℃。随着开采深度的增加，矿井热害日趋严重。

第二节　煤矿提升机操作工岗位安全职责及在防治灾害中的作用

矿井提升是矿井生产系统中的重要环节，是联系地面和井下的关键部位，决定着矿井的实际生产能力，在矿井生产中占有非常重要的地位。

根据煤矿生产的特点，井下从业人员随时都会受到瓦斯突出、透水、发火、冒顶等自然灾害的威胁。怎样进行煤矿灾害防治和一旦灾害发生进行的必要补救，减少人员伤亡，降低财产损失，已经成为煤矿安全的重要工作内容。

防治煤矿灾害，离不开救灾人员和物资，提升机操作工的作用主要是承担救灾人员、物资、伤员等的提升任务。

一、煤矿提升机操作工岗位安全职责

（1）认真贯彻落实党的安全生产方针和上级安全指示、指令，严格遵守国家法律、法规和有关规章制度。

（2）提升机操作工是主提升系统的操作者，必须坚守岗位，精力集中，按要求完成设备、人员、物料、煤炭的提升任务。

（3）能够熟练地进行提升机各种运行方式的操作及检查试验的操作程序，了解设备的结构、性能、安全设施的原理，能够在发生异常时准确描述汇报现象。

（4）遵守劳动纪律，运行中不准离开操作台，保持机房卫生整洁，机房内严禁吸烟，严禁闲杂人员出入。

（5）严格执行提升机操作规程，按信号操作，信号不清、不明时不准开车。杜绝违章作业，拒绝违章指挥。

（6）掌握提升机的运行状况，注意各部声响，随时观察仪表、轴承和电机温度的变化，查看润滑系统是否正常，发现异常情况应紧急停车，并汇报有关部门。

（7）负责机房的各种设施、装备的管理，配合维修人员搞好设备的日常维修和停产检修，做好检修后的试运转。

（8）开机前要认真检查信号、安全保护装置、机械、电气等部位是否完好和灵敏可靠，钢丝绳是否符合要求。发现问题及时汇报处理。

（9）按规定及时认真填写好当班各种记录，字迹清楚、工整，不得出格或漏填，严格执行现场交接班制度。

（10）依法参加主提升操作工的岗位安全培训，定期复训，持证上岗。

二、煤矿提升机操作工在防治灾害中的作用

（1）灾害发生后，煤矿提升机操作工应按照救灾指挥的要求进行工作。当有井下作业人员受到伤害时，提升机操作工应将罐笼停放在井下口部位，等待伤员的到来，为伤员救护争取时间。

（2）将救灾人员迅速安全下放到井下，为救灾工作赢得宝贵的时间。

（3）人员到位后，应及时将救灾物资输送到井下。

（4）发生重大灾害时，提升机操作工需保持清醒的头脑，根据救灾指挥的要求坚守岗位，直到把所有井下人员全部提升到地面。

（5）加强提升机的检修和巡查，发现问题及时汇报和处理，降低提升机的故障率，确保提升机能够正常运行。

复习思考题

1. 黑龙江省煤矿生产的特点有哪些？
2. 黑龙江省煤矿的主要危害因素有哪些？

第四章　煤矿职业病防治和自救、互救及现场急救

知识要点

☆ 煤矿职业病防治与管理

☆ 煤矿从业人员职业病预防的权利和义务

☆ 自救与互救

☆ 现场急救

第一节　煤矿职业病防治与管理

一、煤矿常见职业病

凡是在生产劳动过程中由职业危害因素引起的疾病都称为职业病。但是，目前所说的职业病只是国家明文规定列入职业病名单的疾病，称为法定职业病。尘肺病是我国煤炭行业主要的职业病，煤矿职工尘肺病总数居全国各行业之首。煤矿常见的职业病如下：

（1）硅肺是由于职业活动中长期吸入含游离二氧化硅 10% 以上的生产性粉尘（硅尘）而引起的以肺弥漫性纤维化为主的全身性疾病。

（2）煤矿职工尘肺病是由于在煤炭生产活动中长期吸入煤尘并在肺内滞留而引起的以肺组织弥漫性纤维化为主的全身性疾病。

（3）水泥尘肺病是由于在职业活动中长期吸入较高浓度的水泥粉尘而引起的一种尘肺病。

（4）一氧化碳中毒主要为急性中毒，是吸入较高浓度一氧化碳后引起的急性脑缺氧疾病，少数患者可有迟发的神经精神症状。

（5）二氧化碳中毒。低浓度时呼吸中枢兴奋，如浓度达到 3% 时，呼吸加深；高浓度时抑制呼吸中枢，如浓度达到 8% 时，呼吸困难，呼吸频率增加。短时间内吸入高浓度二氧化碳，主要是对呼吸中枢的毒性作用，可致死亡。

（6）二氧化硫中毒主要通过呼吸道吸入而发生中毒作用，以呼吸系统损害为主。

（7）硫化氢中毒。硫化氢是具有刺激性和窒息性的气体，主要为急性中毒，短期内吸入较大量硫化氢气体后引起的以中枢神经系统、呼吸系统为主的多脏器损害的全身性疾病。

(8) 氮氧化物中毒主要为急性中毒，短期内吸入较大量氮氧化物气体，引起的以呼吸系统损害为主的全身性疾病。主要对肺组织产生强烈的腐蚀作用，可引起支气管和肺水肿，重度中毒者可发生窒息死亡。

(9) 氨气中毒。氨为刺激性气体，低浓度对眼和上呼吸道黏膜有刺激作用。高浓度氨会引起支气管炎症及中毒性肺炎、肺水肿、皮肤和眼的灼伤。

(10) 职业性噪声聋是在职业活动中长期接触高噪声而发生的一种进行性的听觉损伤。由功能性改变发展为器质性病变，即职业性噪声聋。

(11) 煤矿井下工人滑囊炎是指煤矿井下工人在特殊的劳动条件下，致使滑囊急性外伤或长期摩擦、受压等机械因素所引起的无菌性炎症改变。

二、煤矿职业病防治

职业病是人为的疾病，其发生发展规律与人类的生产活动及职业病的防治工作的好坏直接相关，全面预防控制病因和发病条件，会有效地降低其发病率，甚至使其职业病消除。

煤矿作业场所职业病防治坚持“以人为本、预防为主、综合治理”的方针；煤矿职业病防治实行国家监察、地方监管、企业负责的制度，按照源头治理、科学防治、严格管理、依法监督的要求开展工作。职业病的控制包括：

1. 煤矿粉尘防治

应实施防降尘的“八字方针”，即“革、水、风、密、护、管、教、查”。

“革”即依靠科技进步，应用有利于职业病防治和保护从业人员健康的新工艺、新技术、新材料、新产品，坚决淘汰职业危害严重的生产工艺和作业方式，减少职业危害因素，这是最根本、最有效的防护途径。

“水”即大力实施湿式作业，增加抑尘剂，再结合适当的通风，大大降低粉尘的浓度，净化空气，降低温度，有效地改善作业环境，降低工作环境对身体的有害影响。

“风”即改善通风，保证足够的新鲜风流。

“密”即密闭、捕尘、抽尘，能有效防止粉尘飞扬和有毒有害物质漫散对人体的伤害。

“护”即搞好个体防护，是对技术防尘措施的必要补救；作业人员在生产环境中粉尘浓度较高时，正确佩戴符合国家职业卫生标准要求的防尘用品。

“管”是加强管理，建立相关制度，监督各项防尘设施的使用和控制效果。

“教”是加强宣传教育，包括定期对作业人员进行职业卫生培训。

“查”是做好职业健康检查，做到早发现病损、早调离粉尘作业岗位，加强对作业场所粉尘浓度检测及监督检查等。

2. 有毒有害气体防治

由于煤矿的特殊地质条件和生产工艺，煤矿有毒有害气体的种类是明确的，相应的控制方法和原则主要有：

(1) 改善劳动环境。加强井下通风排毒措施，使作业环境中有毒有害气体浓度达到国家职业卫生要求。

(2) 加强职业安全卫生知识培训教育。严格遵守安全操作规程，各项作业均应符合

《煤矿安全规程》规定。例如：使用煤矿许用炸药爆破；炮烟吹散后方可进入工作面作业；对二氧化碳高压区应采取超前抽放等。

（3）设置警示标识。例如：井下通风不良的区域或不通风的旧巷内，应设置明显的警示标识；在不通风的旧巷口要设栅栏，并挂上“禁止入内”的牌子，若要进入必须先行检查，确认对人体无伤害方可进入。

（4）做好个体防护。对于确因工作需要进入有可能存在高浓度有毒有害气体的环境中时，在确保良好通风的同时作业人员应佩戴相应的防护用品。

（5）加强检查检测。应用各种仪器或煤矿安全监测监控系统检测井下各种有毒有害气体的动态，定期委托有相应资质的职业卫生技术服务机构对矿井进行全面检测评价，找出重点区域或重点生产工艺，重点防控。

3. 煤矿噪声防治

（1）控制噪声源。一是选用低噪声设备或改革工艺过程、采取减振、隔振等措施；二是提高机器设备的装配质量，减少部件之间的摩擦和撞击以降低噪声。

（2）控制噪声的传播。采用吸声、隔声、消声材料和装置，阻断和屏蔽噪声的传播。

（3）加强个体防护。在作业现场噪声得不到有效控制的情况下，正确合理地佩戴防噪护具。

三、煤矿职业病管理

1. 建立职业危害防护用品制度

建立职业危害防护用品专项经费保障、采购、验收、管理、发放、使用和报废制度。应明确负责部门、岗位职责、管理要求、防护用品种类、发放标准、账目记录、使用要求等。

2. 建立职业危害防护用品台账

台账中应体现职业危害防护用品种类、进货数量、发出数量、库存量、验收记录、发放记录、报废记录、有关人员签字等。不得以货币或者其他物品替代按规定配备的劳动防护用品。

3. 使用的职业危害防护用品合格有效

必须采购符合国家标准或者行业标准的职业危害防护用品，不得使用超过使用期限的防护用品。所采购的职业危害防护用品应有产品合格证明和由具有安全生产检测检验资质的机构出具的检测检验合格证明。

4. 按标准配发职业危害防护用品

根据煤矿实际，按照国家或行业标准制定本单位职业危害防护用品配发标准，并应告知作业人员。在日常工作中应教育和督促接触较高浓度粉尘、较强噪声等职业危害因素的作业人员正确佩戴和使用防护用品。

5. 健康检查

煤矿企业要依法组织从业人员进行职业性健康体检，上岗前要掌握从业人员的身体情况，发现职业禁忌症者要告知其不适合从事此项工作。在岗期间对作业职工的检查内容要有针对性，并及时将检查结果告知职工，对检查的结果要进行总结评价，确诊的职业病要及时治疗。对接触职业危害因素的离岗职工，要进行离岗前的职业性健康检查，按照国家规定安置职业病病人。

第二节　煤矿从业人员职业病预防的权利和义务

一、从业人员职业病预防的权利

《职业病防治法》第三十九条规定，劳动者享有下列职业卫生保护权利：

（1）接受职业卫生教育、培训。

（2）获得职业健康检查、职业病诊疗、康复等职业病防治服务。

（3）了解工作场所产生或者可能产生的职业病危害因素、危害后果和应当采取的职业病防护措施。

（4）要求用人单位提供符合防治职业病要求的职业病防护设施和个人使用的职业病防护用品，改善工作条件。

（5）对违反职业病防治法律、法规以及危及生命健康的行为提出批评、检举和控告。

（6）拒绝违章指挥和强令进行没有职业病防护措施的作业。

（7）参与用人单位职业卫生工作的民主管理，对职业病防治工作提出意见和建议。

二、从业人员职业病预防的义务

《职业病防治法》第三十四条规定："劳动者应当学习和掌握相关的职业卫生知识，遵守职业病防治法律、法规、规章和操作规程，正确使用、维护职业病防护设备和个人使用的职业病防护用品，发现职业病危害事故隐患应当及时报告。"

这些都是煤矿从业人员应当履行的义务。从业人员必须提高认识、严格履行上述义务，否则用人单位有权对其进行批评教育。

第三节　自救与互救

在矿井发生灾害事故时，灾区人员在万分危急的情况下，依靠自己的智慧和力量，积极、科学地采取救灾、自救、互救措施，是最大限度减少损失的重要环节。

自救是指在矿井发生灾害事故时，在灾区或受灾害影响区域的人员进行避灾和保护自己。互救则是在有效地自救前提下，妥善地救护他人。自救和互救是减轻事故伤亡程度的有效措施。

一、及时报告

发生灾害事故后，现场人员应尽量了解或判断事故性质、地点、发生时间和灾害程度，尽快向矿调度汇报，并迅速向事故可能波及的区域发出警报。

二、积极抢救

灾害事故发生后，处于灾区以及受威胁区域的人员，应根据灾情和现场条件，在保证自身安全的前提下，采取有效的方法和措施，及时进行现场抢救，将事故消灭在初始阶段或控制在最小范围。

三、安全撤离

当受灾现场不具备事故抢救的条件，或抢救事故可能危及人员安全时，应按规定的避灾路线和当时的实际情况，以最快的速度尽量选择安全条件最好、距离最短的路线，迅速撤离危险区域。

四、妥善避灾

在灾害现场无法撤退或自救器有效工作时间内不能到达安全地点时，应迅速进入预先筑好的或就近快速建造的临时避难硐室，妥善避灾，等待矿山救护队的救援。

第四节　现　场　急　救

现场急救的关键在于“及时”。为了尽可能地减轻痛苦，防止伤情恶化，防止和减少并发症的发生，挽救伤者的生命，必须认真做好煤矿现场急救工作。

现场创伤急救包括人工呼吸、心脏复苏、止血、创伤包扎、骨折的临时固定、伤员搬运等。

一、现场创伤急救

（一）人工呼吸

人工呼吸适用于触电休克、溺水、有害气体中毒、窒息或外伤窒息等引起的呼吸停止、假死状态者、短时间内停止呼吸者，以上情况都能用人工呼吸方法进行抢救。人工呼吸前的准备工作如下：

（1）首先将伤者运送到安全、通风、顶板完好且无淋水的地方。

（2）将伤者平卧，解开领口，放松腰带，裸露前胸，并注意保持体温。

（3）腰前部要垫上软的衣服等物，使胸部张开。

（4）清除口中异物，把舌头拉出或压住，防止堵住喉咙，影响呼吸。

采用头后仰、抬颈法或用衣、鞋等物塞于肩部下方，疏通呼吸道。

1. 口对口吹气法（图4-1）

首先将伤者仰面平卧，头部尽量后仰，救护者在其头部一侧，一手掰开伤者的嘴，另一手捏紧其鼻孔；救护者深吸一口气，紧对伤者的口将气吹入，然后立即松开伤者的口鼻，并用一手压其胸部以帮助呼气。

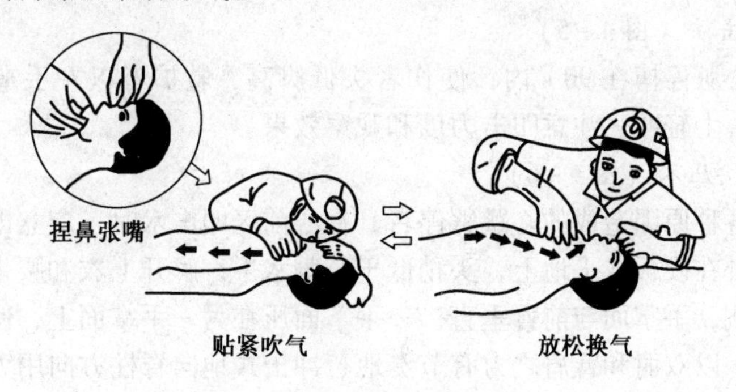

图4-1　口对口吹气法

如此每分钟 14 ~ 16 次，有节律、均匀地反复进行，直到伤者恢复自主呼吸为止。

2. 仰卧压胸法（图 4 – 2）

将伤者仰卧，头偏向一侧，肩背部垫高使头枕部略低，急救者跨跪在伤者两大腿外侧，两手拇指向内，其余四指向外伸开，平放在其胸部两侧乳头之下，借半身重力压伤者胸部挤出其肺内空气；接着使急救者身体后仰，除去压力，伤者胸部依靠弹性自然扩张，使空气吸入肺内。以上步骤按每分钟 16 ~ 20 次，有节律、均匀地反复进行，直至伤者恢复自主呼吸为主。

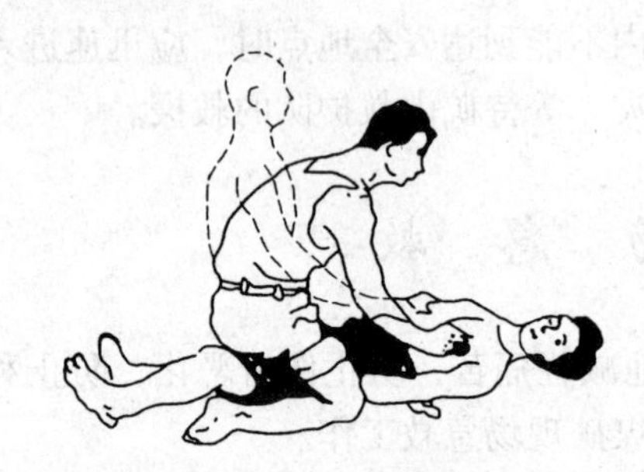

图 4 – 2　仰卧压胸法

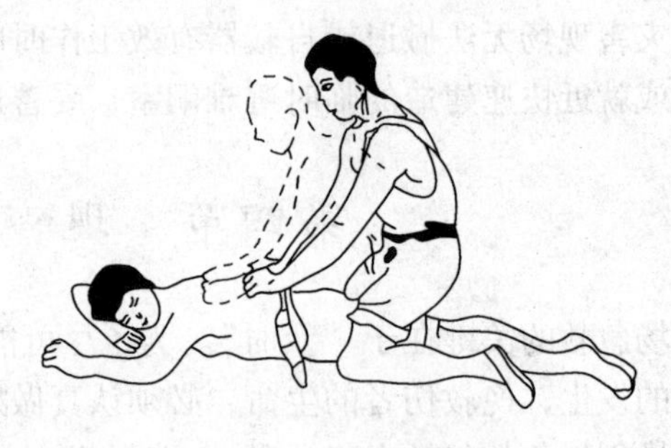

图 4 – 3　俯卧压背法

3. 俯卧压背法（图 4 – 3）

此操作方法与仰卧压胸法基本相同，仅是将伤者俯卧，救护者跨跪在其大腿两侧。此法比较适合对溺水急救。

4. 举臂压胸法（图 4 – 4）

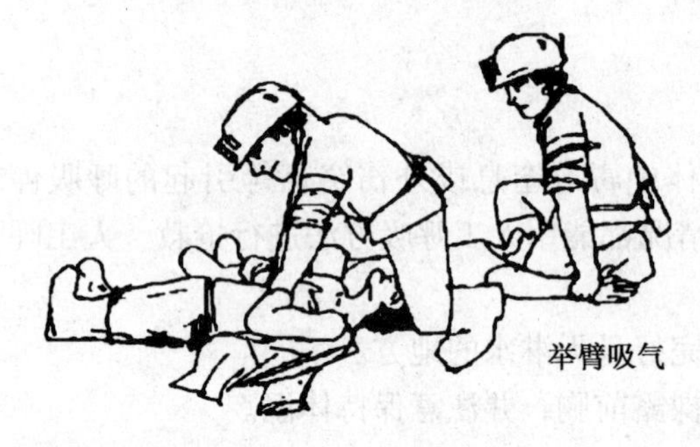

图 4 – 4　举臂压胸法

将伤者仰卧，肩胛下垫高、头转向一侧，上肢平放在身体两侧。救护者的两腿跪在伤者头前两侧，面对伤者全身，双手握住伤者两前臂近腕关节部位，把伤者手臂直过头放平，胸部被迫形成吸气；然后将伤者双手放回胸部下半部，使其肘关节屈曲成直角，稍用力向下压，使胸廓缩小形成呼气，依次有节律的反复进行。此法常用于小儿，不适合用于胸肋受伤者。

（二）心脏复苏

心脏复苏是抢救心跳骤停的有效方法，但必须正确而及时地作出心脏停跳的判断。心脏复苏主要有心前区叩击法和胸外心脏按压术两种方法。

1. 心前区叩击法（图 4 – 5）

此法适用于心脏停搏在 90 s 内，使伤者头低脚高，救护者以左手掌置其心前区，右手握拳，在左手背上轻叩；注意叩击力度和观察效果。

2. 胸外心脏按压术（图 4 – 6）

此法适用于各种原因造成的心跳骤停者，在心前区叩击术时，应立即采用胸外心脏按压术，将伤者仰卧在硬板或平地上，头稍低于心脏水平，解开上衣和腰带，脱掉胶鞋。救护者位于伤者左侧，手掌面与前臂垂直，一手掌面压在另一手掌面上，使双手重叠，置于伤者胸骨 1/3 处，以双肘和臂肩之力有节奏地、冲击式地向脊柱方向用力按压，使胸骨压下 3 ~ 4 cm。

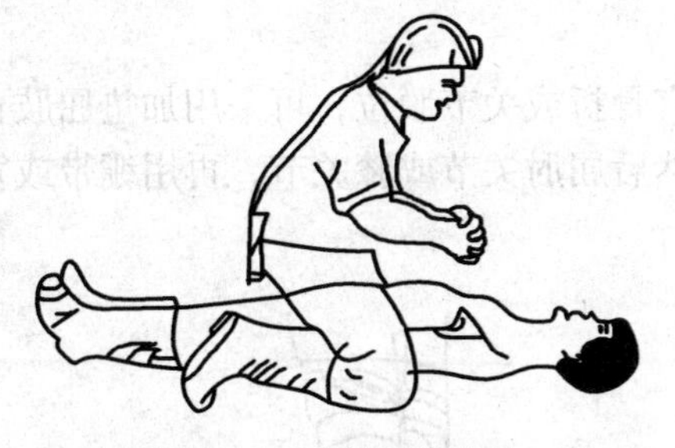

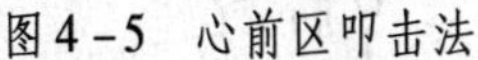

图4-5　心前区叩击法

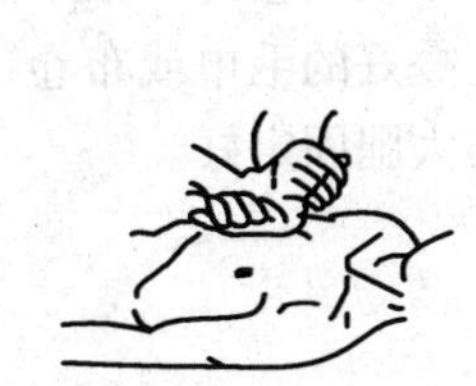

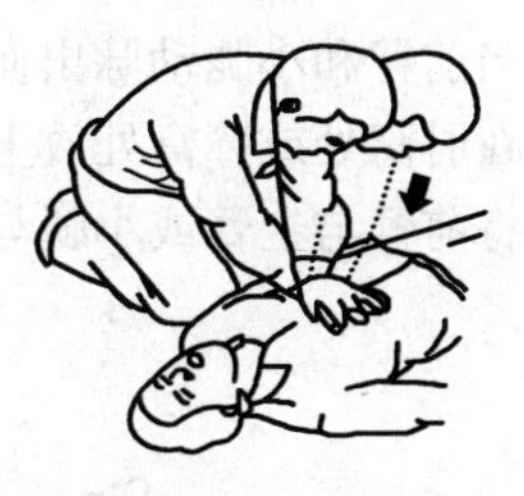

图4-6　胸外心脏按压术

按压后迅速抬手使胸骨复位，以利于心脏的舒张。以上步骤每分钟60～80次，有节律、均匀地反复进行，直至伤者恢复心脏自主跳动为止。此法应与口对口吹气法同时进行，一般每4～5次，口对口吹气1次。

（三）止血

针对出血的类别和特征，常用的暂时性止血方法有以下5种。

图4-7　加压包扎止血法

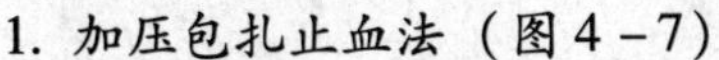

1. 加压包扎止血法（图4-7）

将干净毛巾或消毒纱布、布料等盖在伤口处，随后用布带适当加压包扎，进行止血。主要用于静脉出血的止血。

2. 指压止血法（图4-8）

用手指、手掌或拳头将出血部位靠近心脏一端的动脉用力压住，以阻断血流。适用于头、面部及四肢的动脉出血。采用此法止血后，应尽快准备采用其他更有效的止血措施。

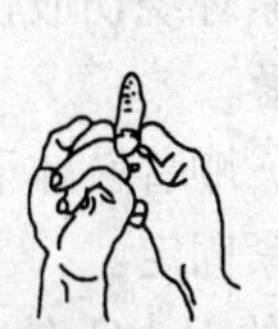

手指的止血压点及止血区域

手掌的止血压点及止血区域

前臂的止血压点及止血区域

肱骨动脉止血及止血区域

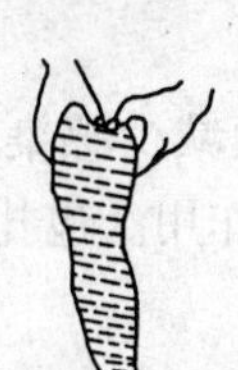

下肢骨动脉止血压点及止血区域

前头部止血压点及止血区域

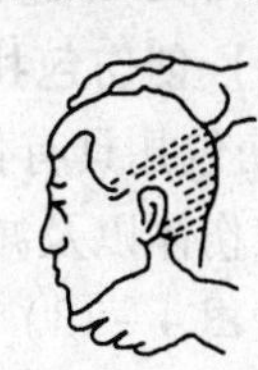

后头部止血压点及止血区域

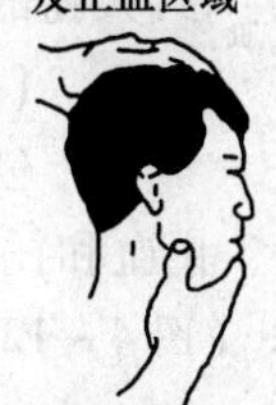

面部止血压点及止血区域

锁骨下动脉止血压点及止血区域

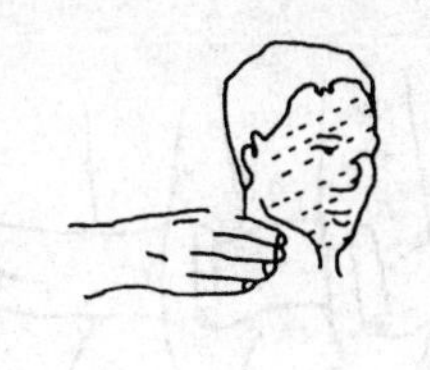

颈动脉止血压点及止血区域

图4-8　指压止血法

3. 加垫屈肢止血法（图 4－9）

当前臂和小腿动脉出血不能制止时，如果没有骨折或关节脱位，可采用加垫屈肢止血法。在肘窝处或膝窝处放上叠好的毛巾或布卷，然后屈肘关节或膝关节，再用绷带或宽布条等将前臂与上臂或小腿与大腿固定好。

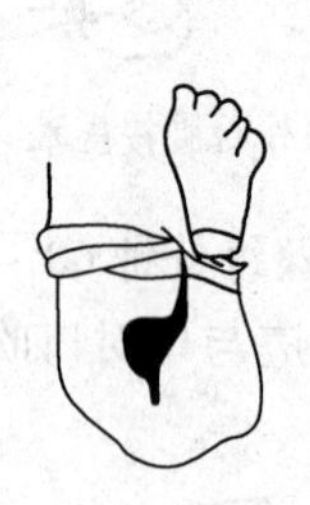
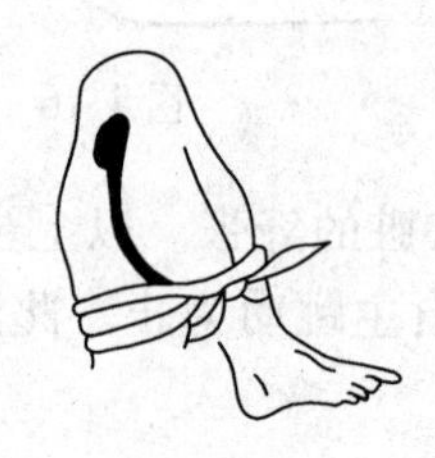

图 4－9　加垫屈肢止血法

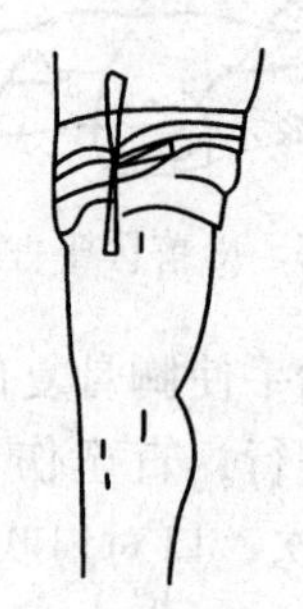

图 4－10　绞紧止血法

4. 绞紧止血法（图 4－10）

如果没有止血带，可用毛巾、三角巾或衣料等折叠成带状，在伤口上方给肢体加垫，然后用带子绕加垫肢体一周打结，用小木棒插入其中，先提起绞紧至伤口不出血，然后固定。

5. 止血带止血法（图 4－11）

（1）在伤口近心端上方先加垫。

（2）救护者左手拿止血带，上端留 5 寸，紧贴加垫处。

（3）右手拿止血带长端，拉紧环绕伤肢伤口近心端上方两周，然后将止血带交左手中、食指夹紧。

（4）左手中、食指夹止血带，顺着肢体下拉成下环。

（5）将上端一头插入环中拉紧固定。

（6）伤口在上肢应扎在上臂的上 1/3 处，伤口在下肢应扎在大腿的中下 1/3 处。

图 4－11　止血带止血法

（四）创伤包扎

创伤包扎具有保护伤口和创面减少感染、减轻伤者痛苦、固定敷料、夹板位置、止血和托扶伤体以及减少继发损伤的作用。包扎的方法如下：

1. 绷带包扎法（图 4－12、图 4－13）

（1）环形法。

（2）螺旋法。

（3）螺旋反折法。

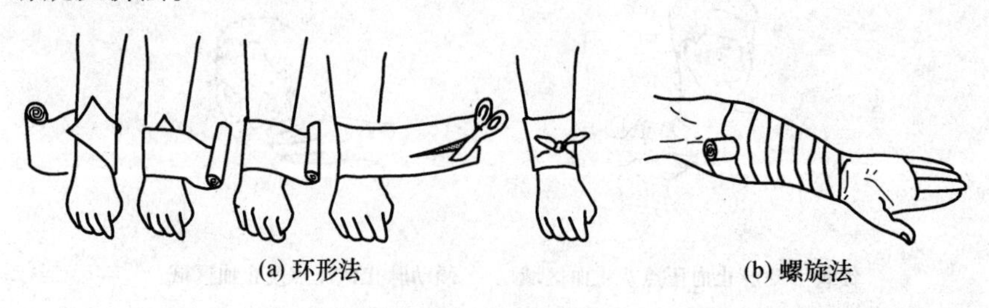

(a) 环形法　　(b) 螺旋法

图 4－12　绷带包扎法（一）

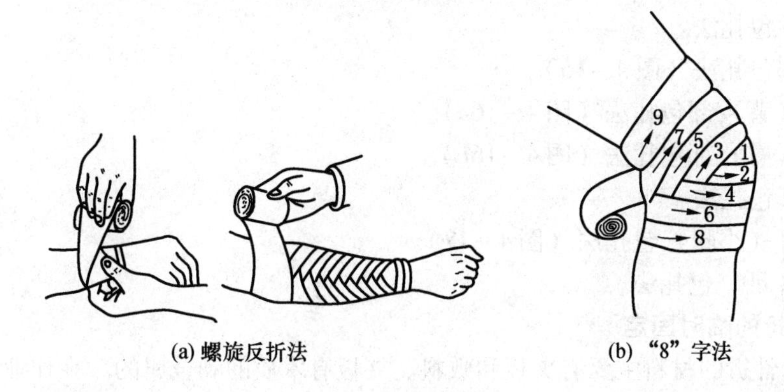

(a) 螺旋反折法　　(b) “8”字法

图 4－13　绷带包扎法（二）

（4）“8”字法。

2. 毛巾包扎法（图 4－14 ~ 图 4－17）

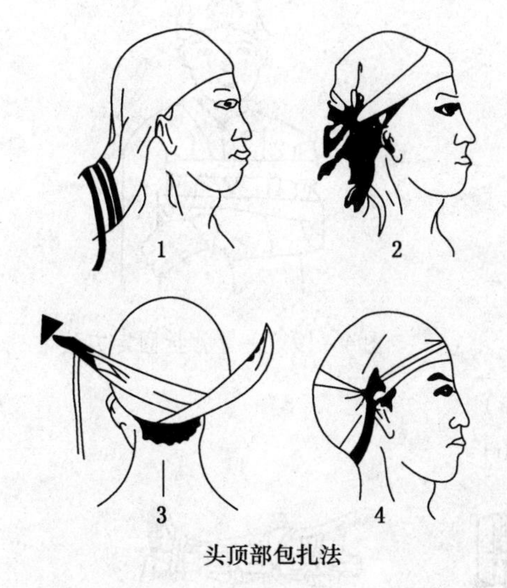

头顶部包扎法

图 4－14　毛巾包扎法（一）

肩部包扎法

图 4－15　毛巾包扎法（二）

(a) 胸(背)部包扎法　(b) 腹(臀)部包扎法

图 4－16　毛巾包扎法（三）

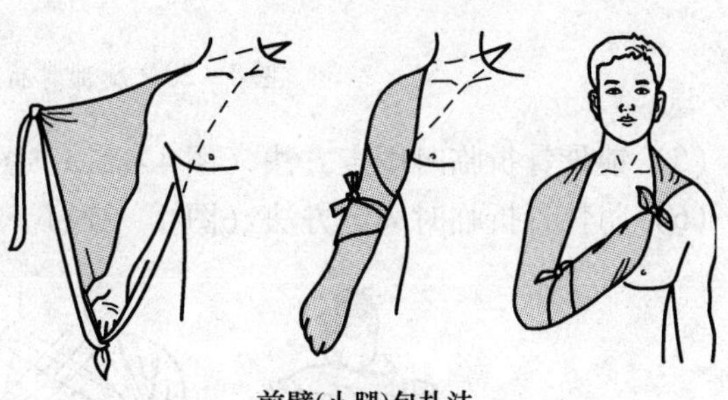

前臂(小腿)包扎法

图 4－17　毛巾包扎法（四）

（1）头部包扎法（图 4－14）。

（2）面部包扎法。

（3）下颌包扎法。

（4）肩部包扎法（图4－15）。

（5）胸（背）部包扎法（图4－16a）。

（6）腹（臀）部包扎法（图4－16b）。

（7）膝部包扎法。

（8）前臂（小腿）包扎法（图4－17）。

（9）手（足）包扎法。

（五）骨折的临时固定

临时固定骨折的材料主要有夹板和敷料。夹板有木质的和金属的，在作业现场可就地取材，利用木板、木柱等制成。

（1）前臂及手部骨折固定方法（图4－18）。

（2）上臂骨折固定方法（图4－19）。

图4－18　前臂及手部骨折固定方法

图4－19　上臂骨折固定方法

（3）大腿骨折临时固定方法（图4－20a）。

（4）小腿骨折临时固定方法（图4－20b）。

(a) 大腿骨折临时固定方法

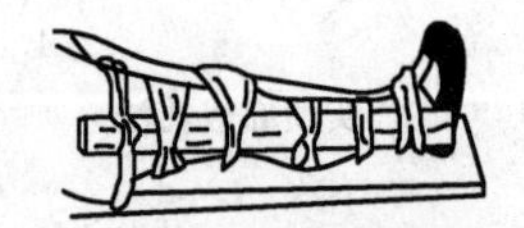

(b) 小腿骨折临时固定方法

图4－20　腿部骨折临时固定法

（5）锁骨骨折临时固定方法（图4－21a、图4－21b）。

（6）肋骨骨折临时固定方法（图4－21c）。

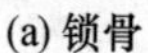

(a) 锁骨

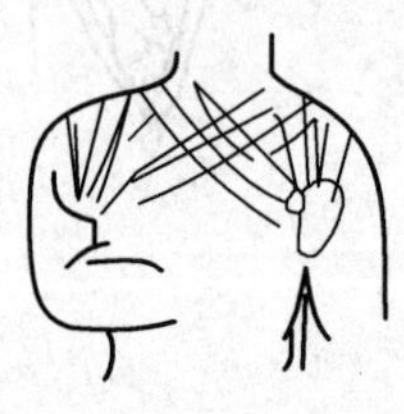

(b) 锁骨

(c) 肋骨

图4－21　锁骨、肋骨骨折临时固定方法

（六）伤员搬运

经过现场急救处理的伤者，需要搬运到医院进行救治和休养。

1. 担架搬运法

（1）抬运伤者方向，如图 4－22、图 4－23 所示。

图 4－22　抬运伤者时伤者头在后面　　图 4－23　抬运担架时保持担架平稳

（2）对脊柱、颈椎及胸、腰椎损伤的伤者，应用硬板担架运送，如图 4－24 所示。

（3）对腹部损伤的伤者，搬运时应将其仰卧于担架上，膝下垫衣物，如图 4－25 所示，使腿屈曲，防止因腹压增高而加重腹痛。

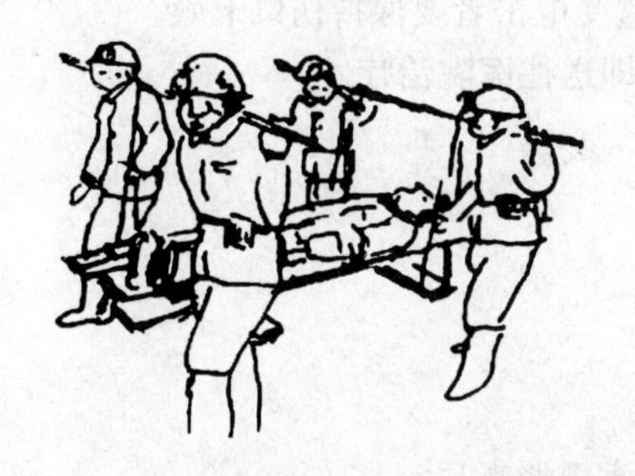

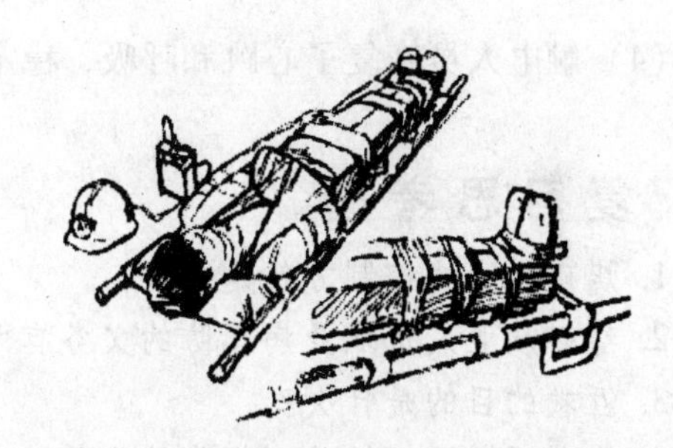

图 4－24　抬运脊柱、颈椎及胸、腰椎损伤的伤者　　图 4－25　腹部骨盆损伤的伤者应仰卧在担架上

2. 徒手搬运法

（1）单人徒手搬运法。

（2）双人徒手搬运法。

二、不同伤者的现场急救方法

1. 井下长期被困人员的现场急救

（1）禁止用灯光刺激照射眼睛。

（2）被困人员脱险后，体温、脉搏、呼吸、血压稍有好转后，方可送往医院。

（3）脱险后不能进硬食，且少吃多餐，恢复胃肠功能。

（4）在治疗初期要避免伤员过度兴奋，发生意外。

2. 冒顶埋压伤者的现场急救

被大矸石、支柱等重物压住或被煤矸石掩埋的伤者，由于受到长时间挤压会出现肾功能衰竭等症状，救出后进行必要的现场急救。

3. 有害气体中毒或窒息伤者的现场急救

（1）将中毒或窒息伤者抢运到新鲜风流处，如受有害气体威胁一定要带好自救器。

（2）对伤者进行卫生处理和保暖。

（3）对中毒或窒息伤者进行人工呼吸。

（4）二氧化硫和二氧化氮的中毒者只能进行人工呼吸。

（5）人工呼吸持续的时间以真正死亡为止。

4. 烧伤伤者的现场急救

煤矿井下的烧伤应采取灭、查、防、包、送。

5. 溺水人员的现场急救（图4－26）

煤矿井下的溺水应采取转送、检查、控水、人工呼吸。

图4－26　控水

6. 触电人员的现场急救

（1）立即切断电源或采取其他措施使触电者尽快脱离电源。

（2）伤者脱离电源后进行人工呼吸和胸外心脏按压。

（3）对遭受电击者要保持伤口干燥。

（4）触电人员恢复了心跳和呼吸，稳定后立即送往医院治疗。

复习思考题

1. 煤矿粉尘的控制方针是什么？

2. 煤矿从业人员职业病预防的义务有哪些？

3. 互救的目的是什么？

4. 在井下搬运颈椎受到损伤的伤员时，应注意哪些事项？

第五章　矿井提升系统及设备

知识要点

☆ 矿井提升系统的组成、分类及工作原理
☆ 矿井提升容器分类、结构及要求
☆ 矿井提升钢丝绳分类、使用和检查方法
☆ 矿井井架的种类及要求
☆ 矿井提升信号的种类、基本要求

矿井提升系统是煤矿生产系统中的重要环节，是联系地面和井下的咽喉要道，担负着矿井煤炭、矸石、物料、人员及设备提升的重要工作。

矿井提升设备是煤矿生产系统中重要的机电设备之一，在煤矿生产中占有十分重要的地位。矿井提升系统及设备运行的安全性、可靠性、经济性直接影响煤矿生产安全和从业人员安全。为此，矿井提升机操作工必须熟悉矿井提升系统及设备的组成、性能、基本构造和工作原理，熟练掌握正确的操作方法，确保矿井提升系统及设备高效、安全、可靠地运行。

第一节　矿 井 提 升 系 统

一、矿井提升系统的组成及分类

1. 矿井提升系统的组成

矿井提升系统主要由矿井提升机、电动机、电气控制系统、安全保护装置、提升信号系统、提升容器、提升钢丝绳、井架、天轮、井筒装备及装卸载附属设备等组成。

2. 矿井提升系统的分类

根据用途、提升容器、缠绕机构和拖动类型的不同，矿井提升系统有不同的分类。

（1）按提升机的用途可分为主井提升系统和副井提升系统。

（2）按提升容器类型可分为罐笼提升系统、箕斗提升系统、串车提升系统、吊桶提升系统。

（3）按提升机缠绕方式可分为缠绕式提升系统和摩擦式提升系统。

（4）按提升机电力拖动方式可分为交流拖动系统和直流拖动系统。

（5）按井筒倾角可分为立井提升系统和斜井提升系统。

二、立井提升系统

立井提升系统是垂直井筒所使用的提升设备，提升容器多采用立井箕斗或普通罐笼。

1. 立井箕斗提升系统

1）箕斗提升过程

立井箕斗提升系统如图5-1所示。煤炭通过矿车运到井底车场的翻车硐室，卸入井底煤仓内，通过装载设备装入位于井底的箕斗；同时位于井口的另一个箕斗通过卸载曲轨使其卸载闸门打开，将煤炭卸入井口煤仓中。上下两个箕斗分别连接两根钢丝绳，两根钢丝绳绕过井架上的天轮后，以相反的方向缠在提升机的滚筒上，当提升机转动时，两根钢丝绳一上一下做往返运动，使箕斗提升和下放，完成提升煤炭的任务。

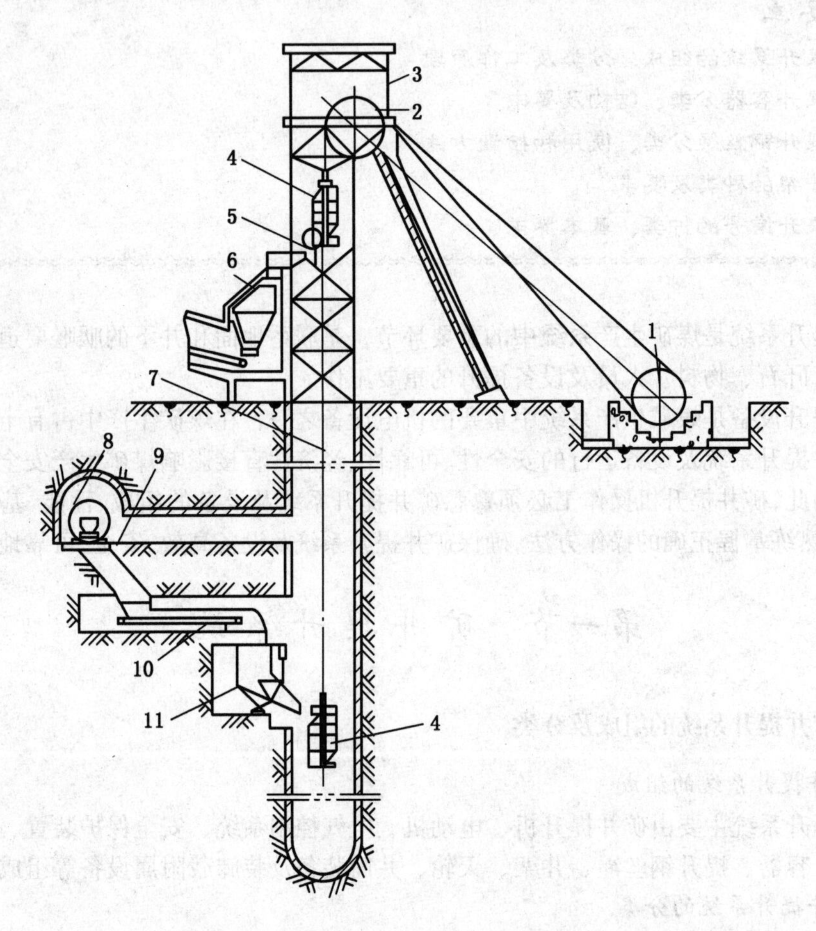

1—提升机卷筒；2—天轮；3—井架；4—箕斗；5—卸载曲轨；6—井口煤仓；
7—钢丝绳；8—翻车机；9—井底煤仓；10—给煤机；11—装载设备

图5-1 立井箕斗提升系统

2）箕斗提升特点

立井箕斗提升系统运行环节简单，宜于实现提升机自动化控制，立井箕斗主要用于提升煤炭。

2. 立井普通罐笼提升系统

1）罐笼提升过程

立井普通罐笼提升系统如图5-2所示。其中一个罐笼位于井底车场水平，另一个罐笼位于井口出车平台。提升钢丝绳一端与罐笼相连，另一端绕过天轮，缠绕并固定在卷筒上，当电动机带动提升机卷筒运转时，井下的罐笼上升，井上的罐笼下降，使罐笼在井筒中沿罐道做上下往复运行，实现罐笼提升工作。

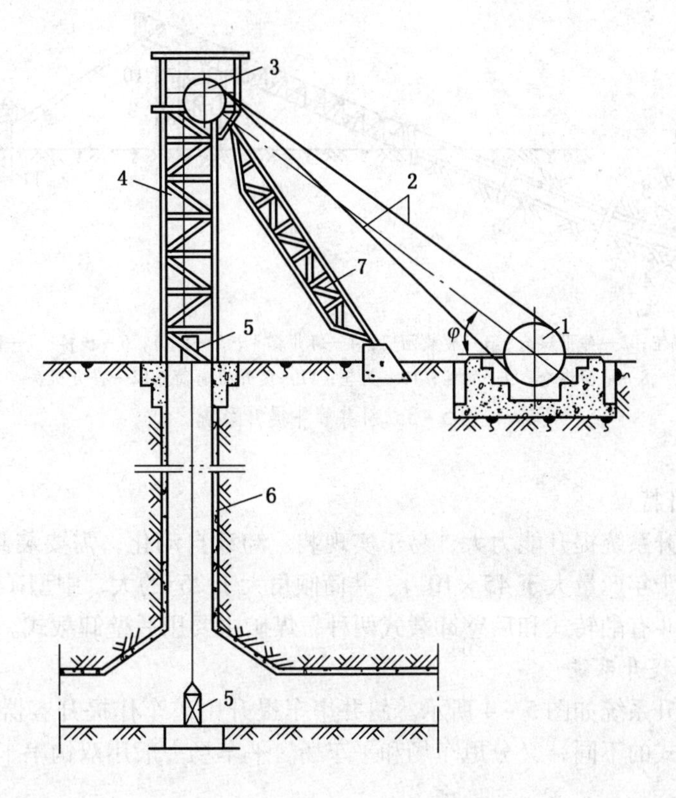

1—提升机卷筒；2—钢丝绳；3—天轮；4—井架；5—罐笼；6—井筒；7—井架斜撑

图5-2　立井普通罐笼提升系统

2）罐笼提升特点

由于采用人工或机械装卸矿车，提升效率较箕斗提升系统低，而且运行环节复杂，参与人员较多，不易实现自动化提升。因此，立井普通罐笼提升系统多用于辅助提升，如提升矸石、升降人员和设备、下放材料等。在一些小型煤矿立井普通罐笼也用于提升煤炭。

立井普通罐笼提升系统与立井箕斗提升系统不同之处是所采用的提升容器不同，两种系统装、卸载的方法也不同。

三、斜井提升系统

斜井提升系统是矿井井筒倾角小于90°的矿井提升系统，提升容器多用斜井箕斗或矿车。

1. 斜井箕斗提升系统

1）箕斗提升过程

斜井箕斗提升系统如图5-3所示。井下煤车将煤通过翻笼硐室中的翻车机卸入井下煤仓，操纵装载闸门，将煤装入斜井箕斗中；另一个箕斗则在地面栈桥上，通过卸载曲轨将闸门打开，将煤卸入地面煤仓中。提升钢丝绳经过天轮与卷筒连接，带动箕斗在井筒中往复运动，实现提升任务。

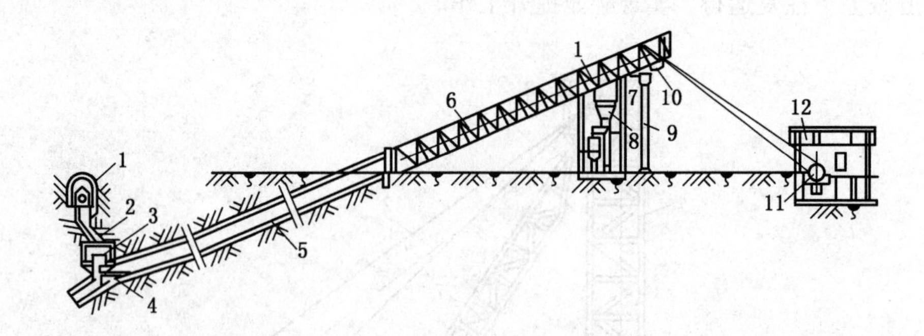

1—翻笼硐室；2—井下煤仓；3—装载闸门；4—斜井箕斗；5—井筒；6—栈桥；7—卸载曲轨；8—地面煤仓；9—立柱；10—天轮；11—提升机卷筒；12—提升机房

图5-3　斜井箕斗提升系统

2）箕斗提升特点

斜井箕斗提升系统提升能力大，易于实现装、卸载自动化，需要装卸载设备和煤仓，投资较大。适用于年产量大于 45×10^4 t、井筒倾角大于25°的大、中型矿井。

斜井提升箕斗有翻转式和后壁卸载式两种，煤矿主要用后壁卸载式。

2. 斜井串车提升系统

斜井串车提升系统如图5-4所示。斜井串车提升用矿车作提升容器，有单钩和双钩之分。按车场形式的不同，又分甩车场和平车场。平车场一般用双钩串车提升。

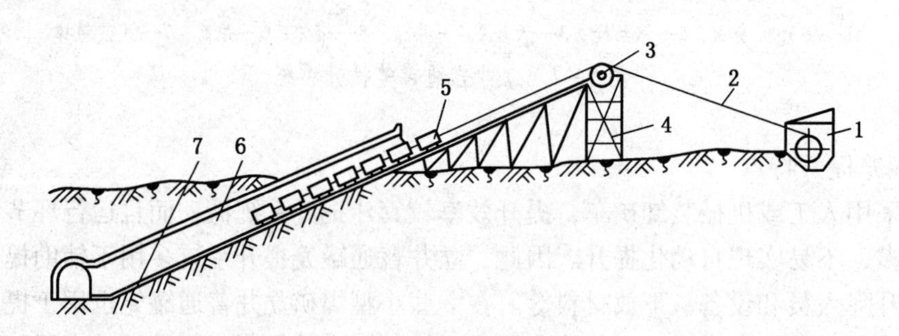

1—提升机卷筒；2—钢丝绳；3—天轮；4—井架；5—矿车；6—矿井；7—轨道

图5-4　斜井串车提升系统

1）串车提升过程

双钩串车平车场提升时，空串车下行，重串车沿井下车场重车线上提，出井后，自动或手动将钢丝绳的钩头由重串车摘下挂到空串车上，准备推车下放。空串车到井底车场进入空车线，摘挂钩后为下一循环做好准备。

单钩串车甩车场提升时，重串车上提，出井通过道岔后停车，扳道岔，重车下滑进入井上重车甩车道。摘挂钩后，提升机将空串车提过道岔，扳道岔，下放空串车到井底车场进入空车道。摘挂钩后开始下一循环。

双钩串车甩车场提升与单钩串车甩车场提升不同的是提升重串车和下放空串车同时进行。

2）串车提升特点

斜井串车提升系统具有投资小，建设速度快，可装备不同的提升容器（矿车、人车），实现提升煤炭、矸石，下放材料，升降人员和设备等。单钩提升与双钩提升相比，单钩提升具有井筒端面小、轨道铺设少、节约资金等特点。但单钩串车的生产率低。

斜井串车提升适用于倾角小于25°的小型矿井，单钩提升适用于年产量小于 21×10^4 t 的矿井，双钩提升适用于年产量小于 45×10^4 t 的矿井。

第二节　提升容器及附属装置

一、提升容器

提升容器是煤矿用于运送煤炭、矸石、材料、人员和设备的重要工具，主要有普通罐笼、箕斗、箕斗罐笼、矿车、斜井人车和吊桶6种。

1. 普通罐笼

普通罐笼主要用于提升煤炭、矸石，下放材料，升降人员和设备。罐笼主要用于副井提升，也可用于小型矿井的主井提升。

普通罐笼可分为1 t、1.5 t和3 t三种。每种普通罐笼又有单层和多层之分。我国煤矿使用的罐笼主要是立井单绳普通罐笼和立井多绳罐笼、翻转罐笼和斜井用罐笼。

1）单绳普通罐笼的组成

（1）主体部分：包括骨架、罐盖、罐底、侧板和轨道等。

（2）罐耳：用来使提升容器沿着井筒中的罐道稳定运行，减小容器的摆动量。

（3）连接装置：用以连接罐笼和提升钢丝绳。

（4）阻车器：用来防止罐笼里的矿车在提放时跑出罐笼。

（5）防坠器：用来防止断绳时罐笼坠下。

多绳罐笼与单绳罐笼稍有不同，多绳罐笼自重较大，罐笼中留有添加配重的空间，不设防坠器，可连接多根钢丝绳并装设钢丝绳张力平衡装置。

2）罐笼结构的要求

《煤矿安全规程》第381条规定，专为升降人员和升降人员与物料的罐笼（包括有乘人间的箕斗）应符合下列要求：

（1）乘人层顶部应设置可以打开的铁盖或铁门，两侧装设扶手。

（2）罐底必须满铺钢板，如果需要设孔时，必须设置牢固可靠的门；两侧用钢板挡严，并不得有孔。

（3）进出口必须装设罐门或罐帘，高度不得小于1.2 m。罐门或罐帘下部边缘至罐底的距离不得超过250 mm，罐帘横杆的间距不得大于200 mm。罐门不得向外开，门轴必须防脱。

（4）提升矿车的罐笼内必须装有阻车器。

（5）单层罐笼和多层罐笼的最上层净高（带弹簧的主拉杆除外）不得小于1.9 m，其他各层净高不得小于 1.8 m。带弹簧的主拉杆必须设保护套筒。

(6) 罐笼内每人占有的有效面积不小于 0.18 m^2。

罐笼每层内 1 次能容纳的人数应明确规定。超过规定人数时，把钩工必须制止。

2. 箕斗

箕斗是用于提升煤炭的专用提升容器，主要由悬挂装置、斗箱和卸载闸门 3 部分组成。按井筒倾角类型分为立井箕斗和斜井箕斗；按卸载方式分为翻转式箕斗和底卸式箕斗。

1) 立井箕斗

箕斗采用固定斗箱底卸式箕斗，闸门采用曲轨连杆下开折页平板结构。这种闸门的特点如下：

(1) 结构简单、严密。

(2) 闸门向上关闭时冲击小。

(3) 卸载时撒煤少。

(4) 当煤仓已满，煤未卸完时，产生卡箕斗而造成断绳的可能性小。

(5) 闭锁装置一旦失灵，闸门可能在井筒自行开启。

2) 斜井箕斗

箕斗采用后卸式箕斗，由斗箱、行走轮组、扇形闸门及牵引连接装置等组成。其结构特点是结构简单、稳定性好。但是大容量箕斗运行时对轨道冲击严重，线路很难维护，卸载过程中两箕斗自重不平衡，有漏煤现象。

3. 矿车

矿车是用于斜井提升的提升容器，矿车主要由车厢、车架、轮对和连接器等组成。连接器由牵引链、插销和插销座组成。主要用于提升煤炭、矸石，下放材料，升降人员和设备。矿车分为固定车厢式矿车、翻转车厢式矿车、底卸式矿车、人车、材料车。

1) 矿车连接装置的要求

(1) 倾斜井巷运输时，矿车之间的连接、矿车与钢丝绳之间的连接，必须使用不能自行脱落的连接装置，并加装保险绳。

(2) 矿车连接器的插销必须有防脱落装置。

(3) 斜井人车的连接装置，安全系数不小于13。

(4) 矿车的车梁、碰头和连接插销，安全系数不小于6。

2) 矿车提升安全运行的要求

(1) 倾斜井巷矿车提升的各车场必须设有信号硐室及躲避硐室，运人斜井各车场必须设有信号和候车硐室。候车硐室要具有足够的空间。

(2) 倾斜井巷内使用矿车提升时，必须遵守《煤矿安全规程》第 370 条的规定：

“(一) 在倾斜井巷内安设能够将运行中断绳、脱钩的车辆阻止住的跑车防护装置。

(二) 在各车场安设能够防止带绳车辆误入非运行车场或区段的阻车器。

(三) 在上部平车场入口安设能够控制车辆进入摘挂钩地点的阻车器。

(四) 在上部平车场接近变坡点处，安设能够阻止未连挂的车辆滑入斜巷的阻车器。

(五) 在变坡点下方略大于 1 列车长度的地点，设置能够防止未连挂的车辆继续往下跑车的挡车栏。

(六) 在各车场安设甩车时能发出警号的信号装置。

上述挡车装置必须经常关闭，放车时方准打开。兼作行驶人车的倾斜井巷，在提升人员时，倾斜井巷中的挡车装置和跑车防护装置必须是常开状态，并可靠地锁住。”

（3）斜井提升时，由于车辆在运行中易发生突发性事故，造成断绳跑车、脱轨掉道和翻车等，容易挤、碰和挫伤扒车和蹬钩摘挂车人员以及巷道的行人等，因此，斜井提升时，严禁蹬钩、行人。

（4）倾斜井巷运送人员的人车必须有跟车人，跟车人必须坐在设有手动防坠器把手或制动器把手的位置上。每班运送人员前，必须检查人车的连接装置、保险链和防坠器，并必须先放一次空车。

（5）倾斜人车必须设置使跟车人在运行途中任何地点都能向操作工发送紧急停车信号的装置。

（6）倾斜井巷运送人员的人车必须有顶盖，车辆上必须装有可靠的防坠器。当断绳时，防坠器能自动发生作用，也能人工操纵。

二、附属装置

1. 防坠器

防坠器主要由开动机构、传动机构、抓捕机构和缓冲机构组成。我国防坠器主要有木罐道防坠器、钢轨罐道防坠器及制动绳罐道防坠器3种。其作用是当提升钢丝绳或连接装置断裂时，防坠器能迅速、自动、准确地使罐笼平稳地支撑在罐道（或制动绳）上，防止坠井造成严重事故。《煤矿安全规程》第三百九十三条规定：升降人员或升降人员和物料的单绳提升罐笼必须装设可靠的防坠器。由于防坠器承担的特殊作用，所以防坠器应满足以下要求：

（1）在任何条件下都能迅速、平稳、可靠地使断绳下坠的罐笼制动。

（2）制动罐笼时，必须保证人身安全。

（3）结构简单可靠。

（4）防坠器的空行程时间（从钢丝绳断裂罐笼自由坠落开始到产生制动阻力的时间），一般不超过0.25 s。

（5）防坠器的两组抓捕器发生制动作用的时间差，应使罐笼通过的距离（自抓捕器开始工作瞬间算起）不大于0.5 m。

2. 罐笼承接装置

罐笼承接装置主要有罐座、摇台和支罐机3种。

1）罐座

罐座是利用可伸缩的托爪托住罐笼，使矿车能平稳进出。当罐笼提升到井口车场位置时，操纵手柄使罐座伸出，罐笼落在罐座上后进行装卸载工作。继续提升时，要先将罐座上的罐笼稍为提起，罐座靠配重自动收回。罐座的主要特点如下：

（1）提升机操作工操作复杂，容易发生过卷及蹾罐事故。

（2）操作钢丝绳时松时紧使钢丝绳受到冲击负荷的作用，易产生疲劳破坏。

目前新设计的矿井已不再采用罐座，《煤矿安全规程》第384条规定：升降人员时，严禁使用罐座。

2）摇台

摇台由能绕轴转动的两个钢臂组成，安装在通向罐笼进出口处。当罐笼停于装、卸载位置时，装有轨道的钢臂绕轴转动落下搭在罐笼底座上，将罐内的轨道与车场的轨道连接起来。矿车进入罐笼后，钢臂抬起。摇台的主要特点如下：

（1）适用于各类提升机和井口、井底及中间水平。

（2）摇台的调节受钢臂长度的限制，因此对停罐的准确性要求较高。

3）支罐机

支罐机是近年出现的新型承接装置。液压油缸伸缩时，支托装置承接罐笼的活动底盘使其上升和下降，以补偿提升钢丝绳长度的变化和停罐的误差。支罐机的调节距离可达1000 mm。支罐机的特点如下：

（1）能准确地使罐笼内轨道与车场固定轨道对接，方便矿车和人员进出。

（2）活动底盘托在支罐机上，使矿车进出平稳。

（3）提升钢丝绳不承受进出矿车时产生的附加载荷，延长了钢丝绳的使用寿命。

（4）车场布置紧凑。

（5）罐笼有活动底盘，使罐笼的结构复杂，需增设供支罐机用的液压动力装置。

3. 防跑车装置

倾斜井巷提升时，由于断绳、断链、上部水平车场错误连接或没有连接及误操作挡车装置等原因发生跑车事故时，跑车车辆会在重力加速度的影响下产生巨大的能量，撞毁井筒设备或下部车场的设施并造成人员伤亡事故。因此，为避免重大灾难的产生，倾斜井巷内使用矿车提升时，必须安设跑车防护装置。

跑车防护装置可根据巷道倾角大小设置若干道。跑车防护装置的结构有门式、网式、阻吊式、杠梁式等，一般由传感装置、执行机构、缓冲机构3个部分组成。

传感装置的作用是感知跑车的发生，并将信号传递给执行机构。传感原理：利用发生跑车时钢丝绳松弛，使原来被牵引绳压下的绳轮抬起发出信号；利用发生跑车时矿车的冲击力大于正常运行速度时的冲击力发出信号；利用深度指示器，在矿车正常到达执行位置之前发出信号，控制常闭式执行机构开启；利用矿车经过两个红外线光源的时间不同发出信号。

执行机构是拦阻坠落矿车的装置，按设置形态有常开式和常闭式。常开式经常处于开启状态，跑车时关闭，若跑车时动作失灵，不能关闭，会造成事故。常闭式经常处于关闭状态，矿车正常运行时打开，通过后关闭，当正常牵引下行矿车运行到执行机构前的一定距离，若执行机构未能开启，通过联锁开关使提升机制动，即使制动失灵，只是矿车受阻停车；当正常牵引上行矿车运行到执行机构前的一定距离，若执行机构未能开启，提升机也未制动，矿车继续上提会因受阻使电机过负荷而紧急制动。因此常闭式执行机构的安全性高。《煤矿安全规程》第三百八十七条规定：挡车装置必须经常关闭，放车时方准打开。

缓冲机构是吸收坠落车组的动能，缓解执行机构所受的冲击力，常用的有弹簧缓冲、摩擦缓冲或其他装置。

第三节 提升钢丝绳

提升钢丝绳是连接提升容器和提升机，传递动力的重要部件，它直接关系到矿井提升系统的正常运行和提升人员的生命安全。因此，对于提升钢丝绳必须予以足够的重视。

一、钢丝绳的结构与分类

1. 结构

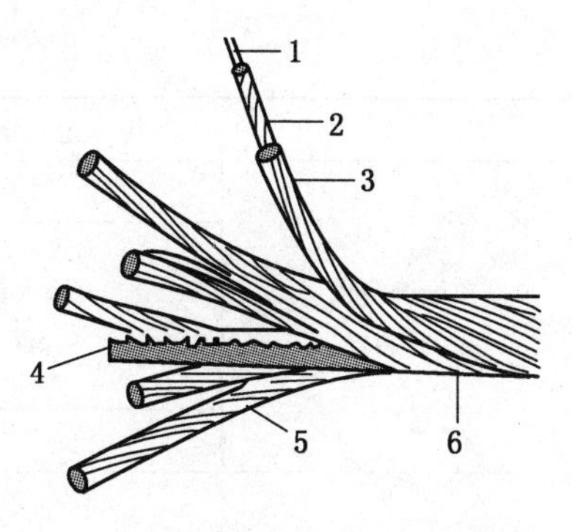

1—股芯；2—内层钢丝；3—外层钢丝；4—绳芯；5—绳股；6—钢丝绳

图 5-5　钢丝绳的结构

提升钢丝绳是由一定数量的细钢丝捻成绳股，再由若干绳股围绕绳芯捻制成绳，如图 5-5 所示。

钢丝捻成绳股时，一般有股芯，股芯由不同断面形状的钢丝组成。绳股捻制成绳时要有绳芯，绳芯分金属绳芯和纤维绳芯两种。金属绳芯由钢丝组成，纤维绳芯一般采用剑麻，由于我国剑麻较少，多用黄麻代替。

绳芯的作用是使绳股保持一定的断面形状，减少钢丝间的接触应力和挤压变形；增加钢丝绳的柔性，起弹性垫层作用，当钢丝绳弯曲时，绳股间或钢丝间可以相对移动，借以缓和弯曲应力；储存润滑油，防止绳内钢丝锈蚀和减少钢丝间的摩擦。

提升钢丝绳的钢丝是由优质碳素结构圆钢条冷拔而成的，一般直径为 0.4 ~ 4 mm。直径过细的钢丝易磨损和腐蚀，过粗则难以保证理想的抗拉强度和疲劳性能。通常在立井提升时，选用抗拉强度为 1550 MPa 或 1700 MPa 的钢丝绳；在斜井提升时，选用抗拉强度为 1400 MPa 或 1550 MPa 的钢丝绳。为了增加钢丝绳的抗腐蚀能力，钢丝表面可以镀锌，称为镀锌钢丝，未镀锌的称为光面钢丝。此外，根据钢丝的韧性，钢丝绳分为特号、Ⅰ号和Ⅱ号 3 种。提升矿物用的钢丝绳可用特号或Ⅰ号的钢丝绳；提升人员用的钢丝绳必须用特号钢丝绳。

2. 分类

由于钢丝绳中股数、捻向、捻距以及绳股中钢丝数目、直径、断面形状和排列方式不同，提升钢丝绳有许多类型。按股内各层钢丝间的接触情况分为点接触钢丝绳、线接触钢丝绳和面接触钢丝绳；按股在绳中的捻向分左捻钢丝绳和右捻钢丝绳；按丝在股中和股在绳中捻向分为同向捻钢丝绳和交互捻钢丝绳；按绳股的断面形状分为普通圆形股和异形股；按特种钢丝绳分为多层股不旋转钢丝绳、密封钢丝绳和半密封钢丝绳、工扁钢丝绳。

二、钢丝绳的使用

1. 钢丝绳安全系数

钢丝绳的安全系数是实测的合格钢丝绳拉断力的总和与其所承受的最大静拉力（包括绳端载荷和钢丝绳自重所引起的静拉力）之比。通常用 m 表示，即

$$m=\frac{\text{钢丝绳拉断力的总和}}{\text{钢丝绳所承受的最大静拉力}}$$

提升钢丝绳悬挂时，安全系数必须符合表 5-1 的规定。

2. 卷筒上缠绕钢丝绳层数的规定

各种提升装置的卷筒上缠绕的钢丝绳层数严禁超过下列规定：

（1）立井中升降人员或升降人员和升降物料的，1 层；专为升降物料的，2 层。

（2）倾斜井巷中升降人员或升降人员和升降物料的，2 层；专为升降物料的，3 层。

（3）建井期间升降人员和物料的，2 层。

表5－1　安全系数

<table>
<tr><th colspan="3">用途分类</th><th>安全系数的最低值</th></tr>
<tr><td rowspan="3">单绳缠绕式提升装置</td><td colspan="2">专为升降人员</td><td>9</td></tr>
<tr><td>升降人员和物料</td><td>升降人员时
混合提升时
升降物料时</td><td>9
9
7.5</td></tr>
<tr><td colspan="2">专为升降物料</td><td>6.5</td></tr>
<tr><td rowspan="3">摩擦轮式提升装置</td><td colspan="2">专为升降人员</td><td>9.2～0.0005H</td></tr>
<tr><td>升降人员和物料</td><td>升降人员时
混合提升时
升降物料时</td><td>9.2～0.0005H
9.2～0.0005H
8.2～0.0005H</td></tr>
<tr><td colspan="2">专为升降物料</td><td>7.2～0.0005H</td></tr>
</table>

注：H为钢丝绳悬挂长度，m。

（4）现有生产矿井在用的绞车，如果在卷筒上装设有过渡绳楔，卷筒强度满足要求，且卷筒边缘高出最外1层钢丝绳的高度至少为钢丝绳直径的2.5倍时，可按（1）、（2）条中所规定的层数增加1层。

3. 有接头钢丝绳的使用规定

（1）有接头的钢丝绳，只可用于平巷运输设备、30°以下倾斜井巷中专为升降物料的绞车及斜巷架空乘人装置。

（2）在倾斜井巷中使用有接头钢丝绳，其插接长度不得小于钢丝绳直径的1000倍。

4. 钢丝绳的使用期限

摩擦轮式提升钢丝绳的使用期限不超过2年，平衡钢丝绳的使用期限不超过4年。

5. 钢丝绳的润滑

（1）主要提升装置必须备有检验合格的备用钢丝绳。

（2）对使用中的钢丝绳，应根据井巷条件及锈蚀情况，至少每月涂油1次。

（3）摩擦轮式提升装置的提升钢丝绳，只准涂、浸专用的钢丝绳油（增磨脂）；不绕过摩擦轮部分的钢丝绳，必须涂防腐油。

第四节　井架、天轮和罐道

一、井架

井架是矿井地面的重要建筑物之一，它的作用是支撑天轮和承受全部提升重量，固定钢丝绳罐道和卸载曲轨，架设普通罐笼。当采用挠性罐道时，还承担钢丝绳罐道及其重锤的静拉力。

井架按其材质不同，分为木井架、金属井架和钢筋混凝土井架3种。

1. 木井架

木井架用于年产量小、服务年限短（6～8年）的立井及斜井。临时性的掘进施工也采用木井架。

2. 金属井架

金属井架主要用于主井，使用较为广泛。金属井架由立架、斜架和天轮平台3部分组成。

立架坐落在井口锁口盘上，其上固定有天轮平台、出井口的罐道、卸载曲轨以及安全保护装置（如过卷开关、制动绳式防坠器的缓冲机构）等。

斜架的下部固定在混凝土基础上，上部同立架铆接。

天轮平台上面安装着天轮和起重架。为了维修人员高空作业的安全，天轮平台上要装设安全栅栏。天轮平台顶上还应装设避雷针，以避免雷击。

金属井架的主要特点是：井架现场进行总体安装，安装时间短；重量较轻，服务年限长；钢材消耗量大，造价高；制造和安装精度要求较高，易腐蚀，故维护量大。

《煤矿安全规程》第三百九十九条规定：应当每年检查1次金属井架、井筒罐道梁和其他装备的固定和锈蚀情况，发现松动及时加固，发现防腐层剥落及时补刷防腐剂。检查和处理结果应当详细记录。建井用金属井架，每次移设后都应当涂防腐剂。

3. 钢筋混凝土井架

钢筋混凝土井架主要用于井架较低的副井。钢筋混凝土井架的特点是：节约钢材，造价便宜,维修费用少,服务年限长;稳定性好,抗震性强,耐火性能好；自重大，施工期长。

多绳摩擦式提升机常采用钢筋混凝土井架，通常称为井塔。

二、天轮

天轮位于井架的天轮平台上，作用是撑起连接提升机卷筒和提升容器的钢丝绳，并引导钢丝绳转向。天轮主要分为游动天轮、井上固定天轮、凿井及井下固定天轮3种。

三、罐道

罐道是提升容器的导向装置，作用是消除在提升过程中提升容器的横向摆动，使容器在井筒中高速、安全、平稳地运行。罐道沿井筒轴线固定在罐道梁上或悬挂在井架上。

罐道分为刚性和挠性两种。挠性罐道采用钢丝绳。刚性罐道一般用钢轨、各种型钢和方木，刚性罐道固定在金属型钢或特制的钢筋混凝土罐道梁上。

木罐道易腐蚀、变形大、磨损快、提升不平稳，同时也不能满足大载荷、高速度的要求。因此木罐道已逐渐被钢罐道和钢丝绳罐道所代替。

第五节 矿井提升信号系统

为了确保矿井安全、高效生产，矿井提升信号必须满足安全、准确、清晰、动作迅速、工作可靠的要求，提升机操作工必须熟悉和掌握提升信号的规定和要求。

一、提升信号系统的分类和组成

1. 提升信号系统的分类

按提升容器的不同分为主井箕斗提升信号、主井罐笼提升信号、副井罐笼提升信号、斜井串车提升信号 4 类。

按提升信号作用不同分为工作信号（又分为开车信号和停车信号，有转发式和直发式两种）、紧急停车信号、检修信号和安全保护信号（包括煤仓煤位信号、松绳信号等）。

2. 提升信号系统的组成

提升信号系统由电源变压器、开关、按钮、信号指示灯、电铃或电笛、继电器、线路及其他电器元件组成。

二、对提升信号的基本要求和规定

1. 对提升信号设备的要求

（1）信号电源电压不得大于 127 V，必须设置独立的信号电源变压器及电源指示灯。

（2）信号用的电缆要采用铠装或非铠装通信电缆、橡套电缆或 MMV 型塑力缆。

（3）井筒和巷道内的信号电缆应与电力电缆分挂在井巷的两侧。

（4）升降人员和主要井口绞车信号装置的直接供电线路上严禁分接其他任何负荷。

2. 对提升信号的要求

（1）工作信号必须声光兼备，警告信号必须为音响信号，指示信号一般为灯光信号。

（2）信号系统与提升机控制系统之间应有闭锁，不发开车信号提升机不能起动或无法加速。

（3）应设置井筒检修信号及检修指示灯。在检修井筒的整个时间内，检修指示灯应保持显示。沿井壁应敷设供检修人员使用的开车、停车信号装置，或采用井筒电话与提升机操作工直接联系。

（4）每一提升装置，必须装有从井底信号工发给井口信号工和从井口信号工发给绞车操作工的信号装置。井口信号装置必须与绞车的控制回路相闭锁，只有在井口信号工发出信号后，绞车才能启动。井底车场与井口之间，井口与绞车操作工台之间，除有上述信号装置外，还必须装设直通电话。

（5）一套提升装置服务几个水平时，从各水平发出的信号必须有区别。

（6）井口、井底及各水平，必须设置紧急停车信号。

（7）井底车场的信号必须经由井口信号工转发，不得越过井口信号工直接向绞车操作工发信号；但有下列情况之一时，不受此限：①发送紧急停车信号；②箕斗提升（不包括带乘人间的箕斗的人员提升）；③单容器提升；④井上、下信号联锁的自动化提升系统。

（8）用多层罐笼升降人员或物料时，井上下各层出车平台都必须设有信号工。各信号工发送信号时，必须遵守下列规定：①井下各水平的总信号工收齐该水平各层信号工的信号后，方可向井口总信号工发出信号；②井口总信号工收齐井口各层信号工信号并接到井下总信号工信号后，才可向绞车操作工发出信号。信号系统必须设有保证按上述顺序发出信号的闭锁装置。

三、立井提升信号的特殊规定

1. 对立井罐笼提升信号的特殊要求

（1）开车信号应设有灯光保留信号。为了增加提升的安全性，立井罐笼混合提升时，应设置表示提人、提物（煤或矸石）、上下设备和材料，以及检修的灯光保留信号，并且各信号间应有闭锁。

（2）设置井口安全门闭锁装置。使用罐笼提升的立井，井口安全门必须在提升信号系统内设置闭锁装置，安全门未关闭，发不出开车信号。

（3）设置摇台闭锁装置。井口、井底和中间运输巷设置摇台时，必须在提升信号系统内设置闭锁装置，摇台未抬起，发不出开车信号。

（4）设置罐座信号。井口和井底使用罐座时，应设置罐座信号。

2. 对立井箕斗提升信号的特殊要求

（1）井口卸载煤仓及井底装载煤仓都必须设置煤位信号。

（2）箕斗提升必须同地面生产系统运煤机械密切配合，避免井口卸载煤仓满仓后卡住箕斗而发生事故。应在提升机操作工操纵台上设置煤仓底部给煤机运转指示灯，必要时应设置给煤机的停止按钮（但不能启动给煤机）。

（3）箕斗提升一般都采用自动装、卸载，故开、停车信号的发送方式一般应具备既能手动发送又能自动发送的功能。

四、斜井提升信号的特殊规定

（1）串车提升的各车场，人车上、下地点和斜巷每隔一定距离应设置红灯信号，开车时由绞车司机送电，红灯亮时，斜巷内禁止行人。

（2）斜井人车必须设置使跟车人在运行途中任何地点都能向操作工发送紧急停车信号的装置。

（3）双道提升的斜井，应设置反映道岔事故状态的信号。

五、信号异常的处理

（1）操作工若收到不清楚的信号或对信号有疑问时，不允许开机，应用电话问清对方，待信号工再次发出信号后，再执行运行操作。

（2）操作工若收到的信号与事先口头联系的信号不一致时，操作工不允许开机，应与信号工联系，确认信号无误时，才准开机。

（3）提升机正常运转中，若出现不正常信号时，操作工应按异常情况下的操作要求，用常用闸或保险闸进行制动停车，然后取得联系，查明原因后方允许开机。

【案例】

事故经过：

1986年7月16日，某矿主井（提升机为HKM3 2×5×2.3型）活滚筒侧的箕斗因煤仓仓满被卡在卸载位置，松绳时不能下降，形成了单钩提升。这时电流过大，提升速度变慢，提升机出现异常。操作工思想不集中而未能注意到松绳信号，仍继续开车，直到提升机出现较大异响，才停车检查。但此时已松绳187 m。由于煤仓煤位下降，箕斗受到振动而下落，造成了断绳坠箕斗事故，提升系统停运120 h。

直接原因：

箕斗因煤仓仓满被卡在卸载位置，松绳时不能下降。操作工思想不集中而未能注意到松绳信号，仍继续开车。由于煤仓煤位下降，箕斗受到振动而下落，造成了断绳坠箕斗事故。

间接原因：

(1) 提升机操作工和信号工的责任心不强、违章操作。

(2) 安全保护装置失效或缺乏。

预防措施：

(1) 加强对提升机操作工和信号工的教育，提高他们的责任心和技术水平。

(2) 缠绕式提升机必须设置松绳保护并接入安全回路和报警回路，在钢丝绳松弛时能自动断电并报警。箕斗提升时，松绳保护装置动作后，严禁受煤仓放煤。

(3) 对箕斗提升的井口煤仓要设置可靠的满仓保护装置，当煤位接近警戒位量时，能报警以引起操作工的注意；当煤位已达到警戒位置时，接入安全回路，实施保险制动。

复习思考题

1. 立井提升系统共分几类？
2. 立井罐笼提升、斜井串车提升系统由哪几部分组成？
3. 箕斗的分类有哪些？
4. 单绳普通罐笼由哪些部分组成？
5. 钢丝绳是如何分类的？
6. 井架的种类有哪些？
7. 提升机润滑系统由哪些部分组成？
8. 提升信号的种类有哪些？
9. 斜井串车提升信号的特殊要求有哪些？
10. 立井罐笼、箕斗提升信号的特殊要求有哪些？
11. 信号异常时的处理有哪些？

第六章 矿 井 提 升 机

知识要点

☆ 矿井提升机的组成、类型及传动方式

☆ 矿井提升机的工作原理、离合器的作用

☆ 矿井提升机操作台上仪表、开关、制动手把、主令手把的作用

☆ 矿井提升机深度指示器的类型及其工作原理

☆ 矿井提升机润滑剂的作用及润滑油保护的要求

第一节 矿井提升机的组成和分类

矿井提升机是进行提升工作的主要工作设备，任务是传递动力、完成提升和下放任务。通过缠绕在卷筒上钢丝绳的运动，实现煤炭、矸石、物料、人员和设备的运送。作为集机、电、液为一体高度自动化的复杂机械，矿井提升机是任何矿山都离不了的重要设备。

一、矿井提升机的组成

矿井提升机主要由工作机构、制动系统、机械传动系统、润滑系统、观测和操作系统、拖动控制系统和安全保护系统组成。

1. 工作机构

工作机构主要由卷筒、主轴、主轴承和调绳离合器组成。其主要作用是：

(1) 缠绕或搭放提升钢丝绳。

(2) 承受各种正常负载及非正常载荷。

(3) 当更换提升水平时，能调节钢丝绳的长度（仅限于单绳双筒提升机）。

2. 制动系统

制动系统主要由制动器和液压传动装置组成。

1）制动器的作用

(1) 在提升机运行时实现提升机速度的控制。

(2) 在提升机运行终了或停车时闸住提升机。

(3) 在提升机紧急事故时实现安全制动，迅速停车，避免事故扩大。

(4) 双筒提升机在更换水平、调节绳长或更换钢丝绳时闸住游动卷筒，松开固定卷筒。

2）液压传动装置的作用

（1）为制动器提供制动力。

（2）控制制动器的动作。

（3）根据制动的需要分别实现工作制动和安全制动。

3. 机械传动系统

机械传动系统主要由减速器和联轴器组成。减速器主要用于减速和传动动力，实现提升机主轴转速与拖动提升机电机转速的匹配，以满足提升系统的要求。联轴器用于连接提升机旋转部分，并传动动力。

4. 润滑系统

润滑系统又称为润滑油站。润滑系统的作用是，在提升机工作时，不间断地向主轴、减速器轴承和啮合齿面压进润滑油，以保证轴承和齿轮良好的工作。

5. 观测和操作系统

观测和操作系统主要由深度指示器、操作台和测速发电装置组成。其主要作用是：

（1）为提升机操作工指示提升容器在井筒中的位置。

（2）当提升容器接近井口卸载位置和井底时，发出减速信号。

（3）当提升机超速和过卷时，进行限速和过卷保护。

（4）消除钢丝绳滑动、蠕动和自然伸长所造成的提示误差。

6. 拖动控制和安全保护系统

拖动控制和安全保护系统由主电动机、微机拖动装置、电气控制系统和安全保护系统组成。其作用是控制提升机运行和实现提升机的安全保护。

二、矿井提升机的分类

按钢丝绳在卷筒上的连接形式分为缠绕式提升机和摩擦式提升机。按井上或井下使用分为地面式提升机和井下式提升机。按电气传动形式分为交流式提升机和直流式提升机。按提升钢丝绳的多少分为单绳式提升机和多绳式提升机。按卷筒数分为单滚式提升机和双滚式提升机。

我国目前使用的矿井提升机主要有 JT 系列、KJ 系列、JK 系列和 JKM 系列。

（一）单绳缠绕式矿井提升机

缠绕式提升机是利用钢丝绳在卷筒上的缠绕和放出，实现提升容器的提升和下放。缠绕式提升机具有工作可靠，结构简单等特点。国产缠绕式提升机有 JT 和 JK 两个系列。JT 系列提升机卷筒直径为 800 ~ 1600 mm，主要用于井下运输和矸石山提升工作，一般称为矿用绞车。JK 系列提升机卷筒直径为 2 ~ 5 m，主要用于地面井口提升工作。

1. 单绳缠绕式提升机

1）单绳缠绕式提升机的组成及工作原理

单绳缠绕式提升机主要由主轴装置、减速器、联轴器、电机、液压制动系统、深度指示器及电控系统等部分组成。

单绳缠绕式提升机的工作原理是将两根钢丝绳的一端以相反的方向分别缠绕固定在提升机的两个卷筒上；另一端绕过井架上的天轮分别与两个提升容器连接，当卷筒由电动机拖动以不同的方向转动时，利用钢丝绳在卷筒上的缠绕和放出，实现提升容器的提升和下放。

2）单绳缠绕式提升机的类型

单绳缠绕式提升机可分为单卷筒和双卷筒提升机。单滚筒提升机只有一个卷筒，一般用作单钩提升。双卷筒提升机主轴上装有两个卷筒，一个固接在主轴上，称为固定卷筒（死卷筒），另一个卷筒滑装在主轴上，通过调绳离合器与主轴连接，称为游动卷筒（活卷筒）。

2. 调绳离合器

双卷筒提升机都装有调绳离合器，离合器的作用是使活卷筒与主轴连接或脱开，以便在调节绳长或更换水平时，能调节两个容器的相对位置。

调绳离合器主要有3种类型：齿轮离合器、摩擦离合器和蜗轮蜗杆离合器。应用较多的是齿轮离合器。JK系列提升机已改用径向齿轮式调绳离合器，液压控制，其特点是对齿方便，结构简单，能传递较大的扭矩，调绳时快速、省力，安全可靠。

3. 减速器和联轴器

1）减速器

矿井提升机主轴的转速一般为10～60 r/min，而驱动电动机的转速较高，一般为480～960 r/min。减速器的作用：一是把电动机的输出转速降低到卷筒所需的工作转速；二是把电动机的输出力或扭矩增加到卷筒所需的力或扭矩。

2）联轴器

目前我国矿井提升机平台的联轴器有齿轮式联轴器、蛇形弹簧联轴器、爪式棒销和套式棒销联轴器。

根据联轴器完好标准要求，齿轮式联轴器齿厚的磨损量不应超过齿厚的20%，键和螺栓不得松动。蛇形弹簧联轴器的弹簧不得有损伤，磨损厚度不得超过原厚的10%。

（二）多绳摩擦式矿井提升机

随着矿井开采深度的增加，一次提升量的增大，单绳缠绕式提升机已经不能满足矿井提升任务的要求。人们研制成了适用于深井及提升量大的单绳与多绳摩擦式矿井提升机。

1. 多绳摩擦式提升机的组成

多绳摩擦式提升机主要由主轴装置、制动系统、主电动机、减速器、导向轮、深度指示器、齿轮联轴器、测速发电机装置及操作台等组成。

2. 多绳摩擦式提升机的类型及工作原理

多绳摩擦式提升机按布置方式分为塔式和落地式。

塔式多绳摩擦提升机的优点是设备的布置紧凑省地，可省去天轮；全部载荷垂直向下，井塔稳定性好，钢丝绳不裸露在雨雪之中。缺点是井塔造价较高，施工周期较长，抗地震能力不如落地式提升机。

落地式多绳摩擦提升机的优点是降低井塔的造价，减少矿井的初期投资；提高抵抗地震灾害的能力。

我国生产的大型多绳摩擦式提升机主要有JKM系列、JKMD系列和JKD系列。

塔式和落地式多绳摩擦式提升机如图6－1、图6－2所示。钢丝绳搭放在摩擦轮的摩擦衬垫上，提升容器悬挂在钢丝绳的两端，提升容器底部挂有尾绳，在提升工作中电动机带动减速器及摩擦轮转动，在钢丝绳与衬垫之间摩擦力的作用下，钢丝绳随着摩擦轮一起运动，从而实现了提升容器的提升与下放工作。

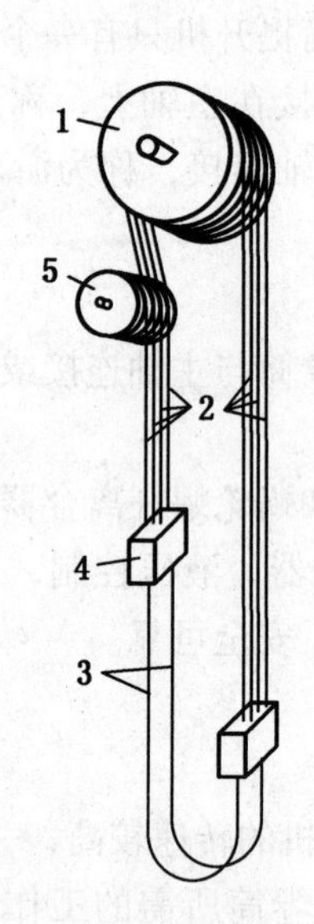

1—主导轮；2—提升钢丝绳；3—尾绳；
4—提升容器；5—导向轮

图6-1 塔式多绳摩擦式提升机

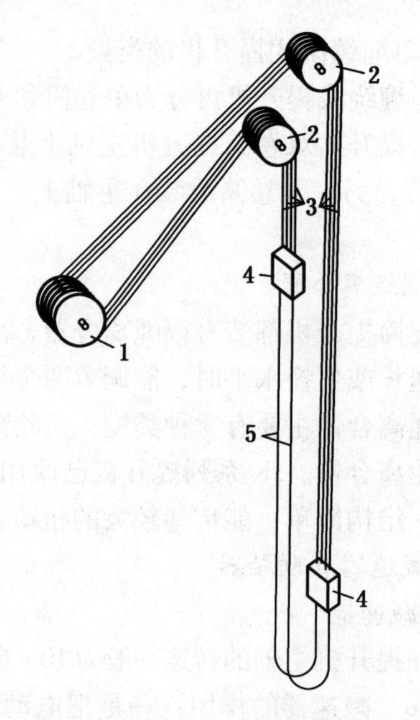

1—主导轮；2—天轮；3—提升钢丝绳；
4—提升容器；5—尾绳

图6-2 落地式多绳摩擦提升机

3. 多绳摩擦式提升机的优缺点

优点：①适用于深井提升；②体积小、质量轻、节省材料、安装和运输方便；③电动机容量小、省电；④不会发生断绳事故，可不装设防坠器。

缺点：①提升钢丝绳和平衡钢丝绳的悬挂、调整、维护和检查比较困难；②钢丝绳需要定期更换，用绳量大；③不能用于多水平提升。

4. 多绳摩擦式提升机的传动方式

多绳摩擦式提升机的传动方式有3种类型：①主导轮通过中心驱动共轴式的具有弹簧基础的减速器与电动机连接，用于单机拖动；②主导轮通过侧动式的具有刚性基础的减速器与电动机连接，用于单机或双机拖动；③不带减速器，主导轮通过耦合器直接与电动机连接。

第二节 深度指示器及操作台

一、深度指示器

1. 作用

深度指示器是矿井提升机的重要保护检测装置，其作用如下：

（1）向操作工指示提升容器在井筒中的运行位置。

（2）当提升容器接近井口停车位置时发出减速信号。

（3）当提升容器过卷时，切断安全保护回路，实现安全制动。

（4）减速阶段，通过限速装置实现过速保护。

2. 类型

深度指示器的类型很多，根据其动作原理可分为机械式、机械电子混合式和数字式。按其测量方法可分为直接式和间接式。

我国生产的提升机主要采用机械牌坊式深度指示器、自整角机圆盘式深度指示器。目前正在研制的数字式深度指示器因尚处于试验研究阶段，使用的还较少。

3. 工作原理

1）圆盘式深度指示器

圆盘式深度指示器由深度指示器发送部分和深度指示接收部分组成。其发送自整角机与提升机主轴机械连接，接收自整角机装在操作台上。当接收自整角机接到来自传动装置的信号后，带动圆盘式深度指示器指示转动，指示出提升容器在井筒中的位置。

2）机械牌坊式深度指示器

机械牌坊式深度指示器具有指示清楚、工作可靠等特点。提升机主轴经传动系统带动深度提示器丝杠转动，丝杠带动装有指针的螺母上下移动，指示出提升容器在井筒中的位置。

二、操纵台

提升机操纵台是提升机操作工向提升机发出各种运行指令信号的传递机械。操纵台上反映了提升机各运行参数和工作状态，操作工可以随时观察和掌握它，保证提升机安全运行。

1. 操纵台的组成

JK 型提升机操纵台组成如下：

（1）控制换向接触器和转子回路电阻的手把。

（2）控制液压制动系统的开关和自整角机的手把。

（3）实现动力制动的脚踏开关和自整角机。

（4）圆盘式深度指示器。

（5）监视运行参数的仪表和显示工作状态的指示灯。

（6）控制辅助电源的按钮开关和交换工作状态的转换开关。

2. 操纵台可以实现的功能

提升机操作工在操纵台上通过操作手把、开关和按钮发出指令信号，可完成以下功能：

（1）操作提升机正方向和反方向运行，使提升机实现快速制动或施加不等力矩的半自动运行。

（2）实现动力制动和对制动电流的调节。

（3）直接使高压柜的油断路器跳闸断电，并实现紧急制动。

（4）通过按钮开关启动和停止润滑油泵、制动油泵，控制电源和动力制动电源。

（5）当出现过卷或过放事故后可以短接被撞开的过卷接点，以便能启动提升机，使提升容器回到过卷前的位置。

（6）通过转换开关实现调绳、正力减速等工作状态的转换。

第三节　提升机润滑系统

为了保证提升机机械传动系统安全运行，必须对有相对运动的设备及零部件摩擦表面进行润滑，从而降低设备和零部件的磨损速度，发挥润滑的散热、防尘、防锈和吸震的作用，提高设备和零部件的使用寿命，保证提升设备的安全运行。

一、润滑剂

提升机使用的润滑剂主要为矿物性的润滑油和润滑剂。润滑剂的基本指标有黏度、黏度指数、闪点、滴点。

黏度是指润滑油的黏稠度，反映油品的内摩擦力。黏度越大，油膜强度越高，流动性越差。

黏度指数表示油品黏度随温度变化而变化的情况。黏度指数越高，表示油品黏度受温度的影响越小，其黏温性能越好。

闪点是指火源接触油蒸气发生闪火时的最低温度。油品的危险等级是根据闪点划分的，闪点在45 ℃以下为易燃品，45 ℃以上为可燃品，受热的最低温度应低于30 ~40 ℃。

滴点是指润滑油脂在规定条件下加热，随温度升高而变软，从润滑油脂杯中滴下一滴的温度。根据润滑油的滴点可以确定润滑油脂的工作温度。

二、设备润滑

矿井提升机的主轴承与减速器的润滑均由润滑泵站集中供油。

1. 轴承对润滑油脂的要求

滑动轴承对润滑油脂的要求如下：

（1）当轴承所承受的载荷大，轴颈转速低时，应选针入度较小的润滑油脂。

（2）当滑动轴承在淋水或潮湿环境里工作时，应选用钙基、铝基润滑油脂。

（3）当滑动轴承在环境温度较高的条件下工作时，可选用钙—钠基润滑油脂或合成润滑油脂。

滚动轴承选用润滑油脂润滑时，其黏度应根据轴承直径的大小、转速的高低和工作温度来选用。

2. 润滑系统的操作

（1）机器启动前应首先打开吸入管道的关闭阀。

（2）打开滤油器的关闭阀，切断直接作用关闭阀，当需要关掉滤油器的关闭阀时，需打开与压入管道直接接通的关闭阀。

（3）用手指按动操纵台上的油泵启动按钮，使油泵电机启动，带动油泵转动。当操纵台的润滑压力表的压力达到0. 2 ~0. 3 MPa时，指针稳定后方可启动主电机，使提升机转动。

（4）当供油指示器出现满油时，应进行调整，使油不间断的流入轴承内进行润滑。

（5）两套油泵必须一套工作，一套备用。

3. 润滑系统使用及注意事项

（1）提升机运转前必须先开润滑油泵，否则不得开车。

（2）必须经常检查油量多少，不得擅自添加其他牌号的油料。

（3）在向减速器箱体内加油时，必须把副油箱箱盖上的螺栓拧松排气，看到螺纹处向外冒油时再把螺栓拧紧。要注意加入油箱内的油必须是经过过滤后的干净油。

4. 润滑方式

（1）手工注油。用油壶、油枪和油脂枪注油。

（2）飞溅注油。依靠旋转的机件或附加于轴上的甩油盘、甩油片等将油池中的油甩起，使油溅落在润滑部位上。

（3）油环和油链润滑。利用套在轴上的油环和油链将油带起，供润滑部位润滑。

（4）油绳、油垫润滑。利用虹吸管原理和毛细管作用实现润滑，主要用于低速、轻载的机械润滑。

（5）强制给油润滑。利用油泵将润滑油间歇地压向润滑点进行润滑。

（6）油雾润滑。利用压缩空气将润滑油喷出并雾化后，送入润滑点。

（7）压力循环润滑。利用油泵使润滑油获得一定压力，然后送入润滑点。

三、提升机机房润滑油脂的保护

提升机机房润滑油脂保护要执行下列规定：

（1）完好标准：机房内不得存放汽油、煤油、变压器油。

（2）机房内存放润滑油脂不宜过多。

（3）存放的润滑油脂应远离暖气、火炉等温度较高的地方。

（4）用来盛装润滑油脂的容器要清洁，有盖，并且应有标识，易于辨别品种牌号。

（5）不要使用木制容器来盛装润滑脂和润滑油。

（6）不同种类的润滑脂和润滑油不能混装在一起。

（7）润滑油保存期间，应尽量减少与铜和其他有催化作用的金属接触。

【案例】

事故经过：

1992 年 9 月 17 日，某矿采用斜井串车双钩提升系统，该井北钩提升 4 辆矿车时，深度指示器传动齿轮折断，造成深度指示器失效。提升机操作工在操作中没有发现深度指示器的指针停止，当矿车接近上坡口时，提升机操作工才发现异常，急忙施闸停车，但为时已晚，过卷后的矿车将上坡口正在倒车的 1 名把钩工当场撞死。

直接原因：

提升机操作工操作时精神不集中，没能及时发现深度指示器失效，属于违章作业，是造成这起事故的直接原因。

间接原因：

（1）不执行提升机的维护检修制度，致使提升机在运转过程中深度指示器传动齿轮折断。

（2）提升机没有设置深度指示器失效安全保护装置。

（3）提升机在运行过程中，上坡口把钩工在过卷距离内倒车，属于违章作业。

（4）安全教育培训不到位。提升机操作工和信号把钩工的安全意识和责任心不强。

预防措施：

（1）加强安全教育培训工作。提高提升机操作工和信号把钩工的安全意识、技术操作水平和处理紧急事故的应变能力，并严格按照操作规程认真操作。

（2）加强设备管理，完善各种安全保护装置，如过卷保护、制动装置等，并按照有关规定认真检查和维护，确保保护装置动作灵敏可靠。

（3）在上坡口留有足够的过卷距离；信号把钩工每次发出开车信号前，必须经过检查，确认过卷距离内没有人员、车辆和影响行车的任何障碍物。

复习思考题

1. 矿井提升机有哪几种类型？
2. 矿井提升机的组成以及各部分的作用是什么？
3. 多绳摩擦式矿井提升机传动方式有几种类型？
4. 多绳摩擦式矿井提升机深度指示器的作用是什么？
5. 简述深度指示器的类型及其特点。
6. 操纵台由哪几部分组成？
7. 多绳摩擦式矿井提升机减速器类型有哪些？
8. 简述操纵台的功能。

第七章　矿井提升机的制动系统与安全保护装置

知识要点

☆ 制动系统的组成、作用、类型和要求

☆ 块闸制动系统的结构和特点

☆ 盘闸制动系统的结构和特点

☆ 液压站、电液调压装置的作用，工作制动、安全制动和二级制动

☆ 防过卷装置、防止过速装置和限速装置等安全保护装置的作用及其有关规定

第一节　矿井提升机制动系统与制动装置

矿井提升机的制动系统是提升机的重要组成部分，它通过制动器（也称为闸）和传动机构在制动轮或制动盘上产生制动力矩来控制提升机的正常工作和安全运行。因此，应对提升机的制动系统与制动装置给予足够的重视。

一、制动系统的组成、类型和作用

1. 组成

制动系统由制动器（也称为闸）和传动机构组成。

2. 类型

按制动器的结构分为块闸和盘闸 2 种，其中块闸又分为角移式和平移式 2 种。

按制动器的传动动力分为液压、气动及弹簧式 3 种。

3. 作用

（1）正常工作制动，即在减速阶段参与提升机的速度控制。如减速阶段在卷筒上产生制动力矩使提升机减速，在下放重物时加闸限制下放速度。

（2）正常停车制动，即在提升终了或停车时能可靠闸住提升机。

（3）安全制动，即当提升机不正常或发生紧急事故时，能迅速且合乎要求地自动闸住提升机，保护提升系统。

（4）调绳制动，即双滚筒提升机在更换提升水平、更换钢丝绳或调绳时，能可靠闸住游动卷筒。

4. 制动装置的有关规定和要求

为使制动系统能完成上述工作，保证提升机工作安全顺利地进行，制动装置的使用和维护必须按照《煤矿安全规程》及有关技术规范的要求进行。

（1）提升机必须装备有操作工不离开座位即能操纵的常用闸（即工作闸）和保险闸（即安全闸）。保险闸必须能自动发生制动作用。

常用闸和保险闸共同使用1套闸瓦制动时，操纵和控制机构必须分开。双卷筒提升绞车的2套闸瓦的传动装置必须分开。对具有2套闸瓦只有1套传动装置的双卷筒绞车，应改为每个卷筒各自有其控制机构的弹簧闸。提升绞车除设有机械制动外，还应设有电气制动装置。

严禁操作工离开工作岗位、擅自调整制动闸。

（2）保险闸必须采用配重式或弹簧式的制动装置，除可由操作工操纵外，还必须能自动抱闸，并同时自动切断提升装置电源。常用闸必须采用可调节的机械制动装置。

（3）保险闸或保险闸第一级由保护回路断电时起至闸瓦接触到闸轮上的空动时间：压缩空气驱动闸瓦式制动闸不得超过0.5 s，储能液压驱动闸瓦式制动闸不得超过0.6 s，盘式制动闸不得超过0.3 s。对斜井提升，为保证上提紧急制动不发生松绳而必须延时制动时，上提空动时间不受此限。盘式制动闸的闸瓦与制动盘之间的间隙应不大于2 mm。保险闸施闸时，杠杆和闸瓦不得发生显著的弹性摆动。

（4）提升绞车的常用闸和保险闸制动时，所产生的力矩与实际提升最大静荷重旋转力矩之比不得小于3。

二、块闸制动系统

块闸制动系统用于老产品KJ系列提升机上。在双卷筒提升机上，两副制动器位于两卷筒的内侧；在单卷筒提升机上，则位于两卷筒的外侧。块闸制动系统一般用于较小提升机上。

1. 角移式块闸制动器

角移式块闸制动器如图7－1所示，其主要特点：结构比较简单，维护方便，制动力矩较小，闸瓦表面的压力分布不够均匀，闸瓦上、下磨损不均匀。

2. 平移式制动器

平移式制动器如图7－2所示，其主要特点：制动力矩比较大；闸瓦的压力及磨损比较均匀；结构比较复杂，安装时调整比较困难。

三、盘闸制动系统

盘闸制动系统是20世纪70年代以来应用到矿井提升机上的一种新型制动器，与块闸制动系统相比，其结构紧凑，重量轻，到作灵敏，空行程不超过0.3 s，安全可靠程度高，制动力矩可调性好，安装、使用和维护方便，便于矿井提升自动化。盘闸制动系统包括盘闸制动器和液压站两部分。

1. 盘闸制动器

盘闸制动器的制动力矩是靠闸瓦沿轴向从两侧压向制动盘产生的，为使制动盘不产生附加变形，主轴不承受轴向力，盘式制动器均成对使用，闸的副数可根据制动力的大小增减，每一台提升机上可以同时布置两副、四副或多副盘式制动器。根据使用条件及生产制造条件的不同，盘闸应用于提升机上有各种不同的结构形式，如单面闸、双面闸；单活塞、双活塞；液压缸前置、液压缸后置；油压有中低压油、高压油。

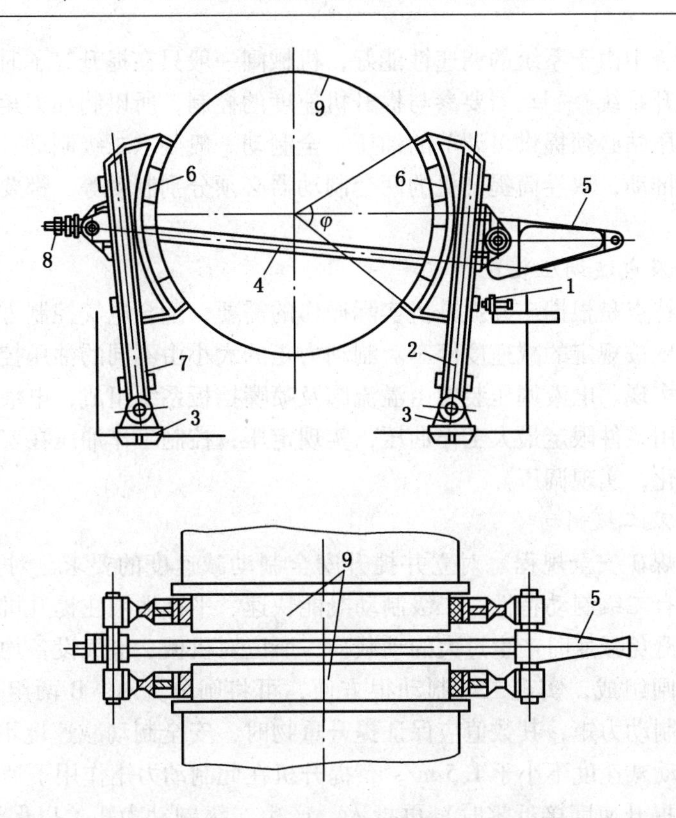

1—顶丝；2—前制动梁；3—轴承；4—拉杆；5—三角杠杆；6—闸瓦；7—后制动梁；8—调节螺钉；9—制动轮

图7-1　角移式块闸制动器

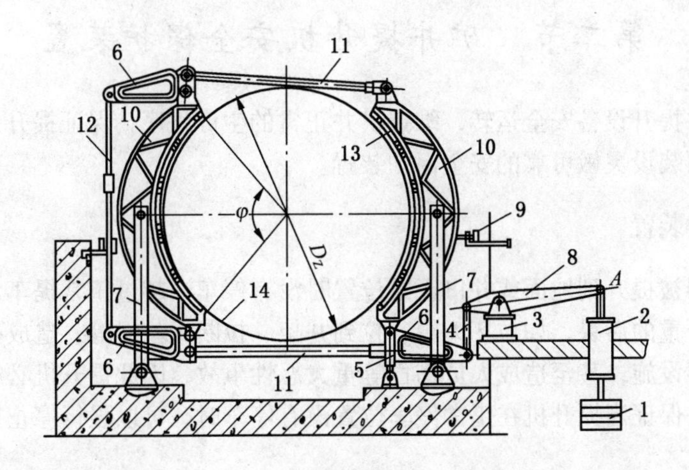

1—安全制动重锤；2—安全制动气缸；3—工作制动气缸；4—制动立杆；5—辅助立杆；6—三角杠杆；

7—立柱；8—制动杠杆；9—顶丝；10—制动梁；11—横拉杆；12—可调节拉杆；13—闸瓦；14—制动轮

图7-2　平移式制动器

2. 液压站

液压站的作用是为盘闸制动器提供压力油源，控制油路以实现制动器的各项制动功能。液压站的控制系统同整个提升机的拖动类型、自动化程度相配合，在直流拖动、自动化程度较高的系统中由于系统的调速性能好，机械闸一般只在提升终了时起定车作用。对于交流拖动的提升系统，制动器要参与提升机速度的控制，所以制动力矩必须能在较宽的范围内调节，液压站必须提供可调节的油压。全制动一般要求二级制动，调绳离合器也需要液压站液压油推动，双卷筒提升机的两套制动器必须分别制动等，都要求液压站与之相适应。

3. 工作制动及电液调压装置

工作制动的特点是根据矿井提升机实际操作的需要，配合电气控制方式，调节、控制制动力矩，以实现按规定的减速度停车。制动力矩的大小由不同的油压控制，油压的调节靠电液调压装置实现。电液调压装置由溢流阀及喷嘴挡板系统组成，电液调压装置的主要作用是：根据使用条件限定最大工作油压，实现定压；控制工作油压在实际需要的工作油压范围内调整变化，实现调压。

4. 安全制动及二级制动

为了满足《煤矿安全规程》对立井提升安全制动减速度的要求，对大型提升机的安全制动都要求具有二级制动特性。二级制动既能快速、平稳地闸住提升机，又不致使提升机减速过大，可避免减速时产生过大的动载荷，所以对机械、电气设备均有好处。盘式制动器一般由多副闸组成，实现二级制动很方便，可将闸分为 A、B 两组，A 组先投入制动，产生第一级制动力矩，其数值应保证提升重物时，安全制动减速度不大于5 m/s^2，下放重物时安全制动减速度不小于1.5 m/s^2，提升机在此制动力矩作用下速度下降。B 组在滞后一定时间（提升速度接近零时）再投入，产生二级制动力矩，以保证在提升终了时可靠地将提升机闸住。

第二节　矿井提升机安全保护装置

为了使矿井提升设备安全运转，维持矿井正常的生产秩序，保证提升人员的安全，矿井提升设备必须装设灵敏可靠的安全保护装置。

一、防过卷装置

当提升容器被提升到地面或井口正常位置时没有停车，越过正常提车位置继续强行上提，就会造成严重的后果，如拉坏天轮、拉到井架、拉断钢丝绳等，造成提升容器坠落或跑车、撞坏井筒设施，甚至造成人员伤亡等重大恶性事故，因此提升机必须装有防止过卷装置。其作用是保证当提升机在正常停车位置没有停车时，可以强行停止提升机运转，避免事故发生。

《煤矿安全规程》规定：当提升容器超过正常终端停止位置或者出车平台 0.5 m 时，必须能自动断电，且使制动器实施安全制动。

二、防止过速装置

提升机提升过程中，超过正常速度就容易造成提升事故。一方面，超速后速度过快，提升系统的动量就变大，在正常停车或事故停车时所需工作制动力矩和紧急制动力矩都要超过设计值；另一方面，超速后可能使提升机处于失控状态，不但可能造成过卷、蹾罐、过放事故，还易造成提升电动机、减速机的损坏。

《煤矿安全规程》规定：当提升速度超过最大速度15%时，必须能自动断电，且使制动器实施安全制动。

三、过负荷和欠电压保护装置

提升电动机超过额定负载力矩运行就是过负荷运行。过负荷运行的主要原因是提升容器超载或提升容器卡阻，过负荷可使电动机电流超过额定电流，导致电动机和电气设备严重损坏，还使提升钢丝绳受力增大，安全系数降低，易造成事故，影响提升安全。

提升机电动机电源电压低于额定电压时，电动机所产生的转矩就会有较大的下降，从而造成电动机转速下降，转差率降低，电动机的发热量增加，必然损坏电动机或电气设备，导致重大事故发生。因此必须设有过负荷和欠电压保护。

《煤矿安全规程》规定：在提升机的配电开关上设有过电流和欠电压保护装置，在过负荷或欠电压情况下使配电开关自动跳闸，切断提升电动机电源，并使保险闸发生作用。

四、限速装置

当提升容器接近井口时，速度不得超过2 m/s，即2 m限速保护。在提升机减速过程中，当经过减速点时，提升机断电，若有电气制动，则在设定的减速行程下自动减速；若无，则操作工可手动减速。如果减速太慢或自动减速失灵，容易发生过卷事故，后果非常严重。

《煤矿安全规程》规定：提升速度超过3 m/s的提升绞车应当装设限速保护，以保证提升容器或者平衡锤到达终端位置时的速度不超过2 m/s。当减速段速度超过设定值的10%时，必须能自动断电，且使制动器实施安全制动。

五、满仓保护装置

箕斗提升的井口卸载处有一个大的储煤仓，由于各种原因煤仓很容易装满，满仓后若继续卸煤，势必造成箕斗内的煤不能自流。因此，当箕斗下放时，由于卸载口有煤阻塞，使箕斗卸载闸门不易缩回而将箕斗卡在卸载曲轨中，从而使提升机提升时因箕斗卡阻而出现松绳。此时若煤仓放煤，煤往下降，箕斗就有可能解除卡阻而突然下降，松弛了的钢丝绳在巨大的冲击力作用下破断，箕斗坠井，砸坏井筒设施，造成重大恶性提升事故。因此，箕斗提升必须设置满仓保护装置。

《煤矿安全规程》规定：箕斗提升的井口煤仓仓位超限时，能报警并闭锁开车。

六、松绳保护装置

缠绕式提升机由于提升容器卡阻等原因而使提升容器和提升机运行速度不一致时，会使提升钢丝绳松弛，松弛后常伴有钢丝绳扭结。当钢丝绳松到一定程度时，若提升容器突然下落，钢丝绳在巨大的冲击作用下会破断，造成提升容器坠井的恶性事故。因此必须设松绳保护装置。

《煤矿安全规程》规定：缠绕式提升绞车应当设置松绳保护装置并接入安全回路或者报警回路。箕斗提升时，松绳保护装置动作后，严禁受煤仓放煤。

七、深度指示器失效保护装置

提升机提升过程中，深度指示器能监视提升容器在井筒中的相对位置，发送减速和过卷信号，进行过速的限速保护，还可以加装后备保护装置。若深度指示器故障，操作工看不到提升容器在井筒中的相对位置，而且提升机不能按设定的行程进行减速、限速、过卷保护，使安全装置失灵，则会发生严重的安全事故。

《煤矿安全规程》规定：当位置指示失效时，能自动断电，且使制动器实施安全制动。并使保险闸发生作用。

八、闸间隙保护装置

《煤矿安全规程》规定：当闸瓦间隙超过规定值时，能报警并闭锁下次开车。

九、减速功能保护装置

防过卷装置、防止过速装置、限速装置和减速功能保护装置应设置为相互独立的双线形式。

《煤矿安全规程》规定：当提升容器或者平衡锤到达设计减速点时，能示警并开始减速。

【案例】

事件经过：

1988年3月24日，某矿斜井箕斗单钩提升系统因松绳引发断绳坠箕斗事故。当天上部卸载煤仓仓满后，满仓保护和松绳保护均失效。提升机操作工下放空箕斗时，松绳50 m，钢丝绳打卷。后因上煤仓煤位下降，箕斗突然下滑，冲断钢丝绳，箕斗坠落井底，与装载设备相撞，箕斗和装载设备均被撞坏。

直接原因：

上部卸载煤仓仓满后，满仓保护和松绳保护失效。提升机操作工下放空箕斗时，发生松绳，使钢丝绳打卷。又因上煤仓煤位下降，箕斗突然下滑，冲断钢丝绳，造成箕斗坠落井底。

间接原因：

（1）对满仓保护和松绳保护装置检查维护不到位，没有及时发现、处理失效隐患。

（2）提升机操作工操作时，精神不集中，没有注意到运行电流的变化和钢丝绳出现松弛，属于违章作业。

（3）上坡口信号把钩工操作时精神不集中，满仓后仍发出开车信号，属于违章作业。

（4）安全管理制度不健全，没有遵守松绳保护每天试验一次的规定。

（5）对现场人员和设备的管理不到位。

预防措施：

（1）合理选择和使用提升钢丝绳，按《煤矿安全规程》规定加强提升设备的检查和试验。发现问题，必须立即检修、维护或更换。确保保护、制动装置动作灵活，制动可靠。避免因过卷、松绳事故引发断绳跑车事故。

（2）在井口公布提升装置的最大载重量和最大载重差，严禁超载提升和超载重差提升。

（3）加强对提升机操作工和信号把钩工的安全教育和技术培训，不断提高其安全意识和操作水平，杜绝各类违章行为。

（4）建立健全并认真落实安全生产责任制，认真遵守各项管理制度。

（5）加强现场管理和设备管理。

复习思考题

1. 矿井提升机制动系统的作用是什么？
2. 矿井提升机制动系统有哪些类型？
3.《煤矿安全规程》规定矿井提升装置应设置哪些保险装置？
4.《煤矿安全规程》对提升机的过卷高度和过放距离是如何规定的？

第八章　矿井提升机的电力拖动与控制

知识要点

☆ 提升机常用电压及用电安全

☆ 电气安全保护、人体触电、安全电流和安全电压

☆ 提升机常用电动机、矿井提升机电力拖动

☆ 交流拖动电气控制系统的组成及 TKD - A 电气控制系统

☆ 直流拖动控制系统

☆ 电气制动系统的类型、动力制动装置的类型

第一节　矿井提升机用电安全

矿井提升机系统用电设备较多，供电线路复杂，提升机系统的安全用电是保证提升系统安全的关键之一。要求提升机操作人员掌握基本的用电安全知识，确保安全用电。

一、提升机常用电压等级

1. 交流电压

（1）6 kV 电压是从煤矿地面变电所馈出的两回路 6 kV 电源，主要用于为矿井提升机的主电动机供电。其中一路工作，一路备用，一路出现故障时，另一路快速投入运行。

（2）380 V 电压是从设置在提升机房的 6 kV/380 V 电力变压器二次配出的 380 V 电源，或者是煤矿地面变电所引来的 380 V 电源，主要用于为矿井提升机的辅助设施供电。

（3）220 V 电压是从设置在提升机房的电力变压器二次配出的 220 V 电源，主要用于为矿井提升机的辅助设施供电。

（4）110 V 电压是从设置在提升机房的电力变压器二次配出的 110 V 电源，主要用于为矿井提升机电控系统中的自整角机供电。

（5）36 V 电压是从设置在提升机房的电力变压器二次配出的 36 V 电源，主要用于为矿井提升机电控系统中的磁放大器供电。

2. 直流电压

（1）24 V 电压在数控提升机系统中应用较多，主要用于 PLC 装置的供电电源和一些指示灯的电源。

（2）矿井提升机系统采用直流调速的主电动机的电枢电压和励磁电压，根据电动机的额定电压等级由整流器整流后作为直流电源。

二、电气安全保护装置

电气安全事故主要是指人体触电伤亡事故和电气设备事故。为防止人体触电事故、电气设备故障，在电气设备中装设安全保护装置。电气设备的主要保护装置有保护接地、保护接零、过流保护、失压和过压保护。

1. 保护接地

保护接地是指将不带电的电气设备金属外壳及构架等与大地作良好的电气连接。例如，把电动机、变压器、开关柜和操作台等电气设备的金属外壳，电控屏电阻的金属架和铠装电缆的外皮用导线与埋在地下的接地极连接起来。设置保护接地，可以使电气设备金属外壳意外带电时的对地电压降低到规定的安全范围以内，减少人体触电电流，最大限度地降低危险程度。有效防止因设备外壳带电引起的人体触电事故。

2. 保护接零

保护接零是指在正常情况下不带电的电气设备的金属外壳或支架接到电气线路系统的中线上。保护接零适用于三相四线制供电线路中。当电气设备发生一相碰壳事故时，通过设备外壳造成相线对零线的单相短路，电流超过正常工作电流值，使线路上的过流保护动作，切断电源，有效防止因电气设备发生一相碰壳事故时引起的人体触电事故。

3. 过流保护

过电流是指电气设备或电缆的实际工作电流超过其额定电流值。过流会使设备绝缘老化，绝缘能力降低、破损，降低设备的使用寿命；烧毁电气设备、引发电气火灾。常见的过电流现象有短路、过负荷和断相。过流保护可以通过装设熔断器、过流继电器、热继电器实现保护。

4. 失压和过压保护

失压保护。失电压是指电气设备的供电电压值低于允许值或失去电压，使电气设备启动电流过大或无法启动。失电压会使设备绝缘老化，绝缘能力降低、破损，降低设备的使用寿命；烧毁电气设备，引发提升故障，损坏提升设备。

过压保护。过电压是指电气设备的供电电压超过允许值，过电压会使设备绝缘老化，绝缘能力降低、破损，降低设备的使用寿命；烧毁电气设备，引发电气火灾。

三、人体触电

人身触电是指人体与正常带电部位接触触电、人体与漏电部位接触触电和人体没有直接与电气设备接触触电等情况。

1. 电流对人体的作用

触电对人体组织的破坏是很复杂的，按照触电时对人体伤害的程度，触电可分为电击和电伤两种。电击是指触电电流对人体内部组织造成的损伤，可导致人致残废或死亡。电伤是指电流的热效应、化学效应和机械效应对人体造成的伤害，可导致人体表面的烧伤和灼伤。

触电对人身的危害是由许多因素决定的，但流经人身电流的大小是起决定作用的主要因素。

通过人身的电流交流在15～20 mA以下、直流在50 mA以下时，一般对人体的伤害较轻。如果长期通过人体的工频交流达到 30 ~ 50 mA，就有生命危险了。超过上述电流数值，则对人的生命是绝对危险的。电击可以使人致死，所以是最危险的。因此，我国规定 30 mA 为安全电流。

流经人身电流的大小与人身有关。人身电阻越大，通过人身的电流越小；人身电阻越小，通过人身的电流越大，也就越危险。人身电阻是一个变动幅度很大的数值，它随人的皮肤（有无损伤、潮湿程度等）、触电时间、电压等因素而不同。通常我们取人身电阻为 1000 Ω 作为计算依据。流经人身的电流与作用于人身的电压有关。作用于人身的电压越高则通过人身的电流越大，也就越危险。触电对人的伤害程度与电流作用于人身的时间有关。即使是安全电流，若流经人体的时间过久，也会造成伤亡事故。这是因为随着电流在人体内持续时间的增加，人体发热出汗，人身电阻会逐渐减少，而电流随之逐渐增大的缘故。反之,即使流经人身的电流较大,若能在很短的时间内脱离接触,也不致造成生命危险。

2. 触电方式

按照人体触及带电体的方式和电流通过人体的途径，触电方式分为单相触电、两相触电和跨步电压触电 3 种方式。

（1）单相触电：在地面上或其他接地导体上，人体的某一部位接触一相带电体。

（2）两相触电：人体两处同时接触带电设备或线路中的两相导体。在高压系统中，人体同时接近两相带电导体，发生电弧放电，电流从一相导体通过人体流入另一相导体，构成闭合回路。

（3）跨步电压触电：当电网或电气设备发生接地故障时，流入大地中的电流在土壤中形成电位，地表面形成以接地点为圆心的径向电位差分布。如果人行走是前后两脚间（一般按 0. 8 m 计算）电位差达到危险电压造成的触电。

3. 安全电流和安全电压

安全电流是指发生触电时通过人体的最大触电电流不会使人致死、致伤。我国规定的安全电流为 30 mA，其含义是：对于任何供电系统，必须保证当发生人员触电时，触电电流不得大于 30 mA，否则必须设置触电保护装置。

安全电流与人体电阻的乘积为安全电压。在我国，对于任何人员可能经常接触的电气设备，在没有高度危险的条件下（如干燥洁净的场所），安全电压采用 65 V；在有高度危险的条件下（如煤矿井下），安全电压采用 36 V。那么，从触电的危险性看，36 V 以上为危险电压。

4. 人体触电时的处理

（1）立即断开就近的电源开关，不可直接赤手去拉、拽受害人离开电源。

（2）可用绝缘物体推、拉受害人将其与电源分开，也可用绝缘体将电源线路切断。

（3）若附近有接地导线，可以利用接地导线手握绝缘部分将触电电源接地或短路。

第二节　矿井提升机电动机与电力拖动

矿井提升机每一提升周期都要经过启动、加速、等速、减速、爬行、停车的运动过程，因此提升机对电控系统和电动机的要求都很高，一是要满足四象限运行；二是要调速的平滑性能好；三是要有较宽调速范围；四是要有较高的调速精度；五是要有精确的行程显示和行程控制；六是要有时时故障监视系统；七是要有可靠的可调闸控制系统。目前矿井提升机使用的电力拖动装置有交流绕线型感应电动机、直流他励电动机和交流同步电动机3大类。

一、矿井提升机常用电动机

电动机作为拖动生产机械的主要动力广泛应用于煤矿企业生产中。矿井提升机常用的电动机主要有交流绕线型感应电动机、直流他励电动机、交流同步电动机。

1. 交流绕线型感应电动机

1）结构

交流绕线型感应电动机结构图和示意图分别如图8－1和图8－2所示。

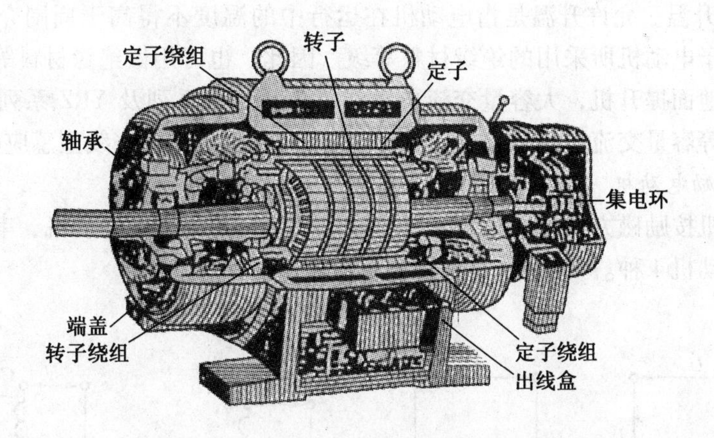

图8－1　交流绕线型感应电动机结构图

定子由机座、定子铁芯和定子绕组组成。转子由转轴、转子铁芯、转子绕组、端盖组成。

2）定子绕组接线

定子绕组接线有星形接法和三角形接法两种，如图8－3和图8－4所示。

3）主要数据

（1）额定功率。额定功率表示满载运行时电动机输出的机械功率。

（2）额定电压。额定电压是指接到电动机绕组上的线电压。电动机绕组上的受电电压一般不应超过额定电压的±5%。

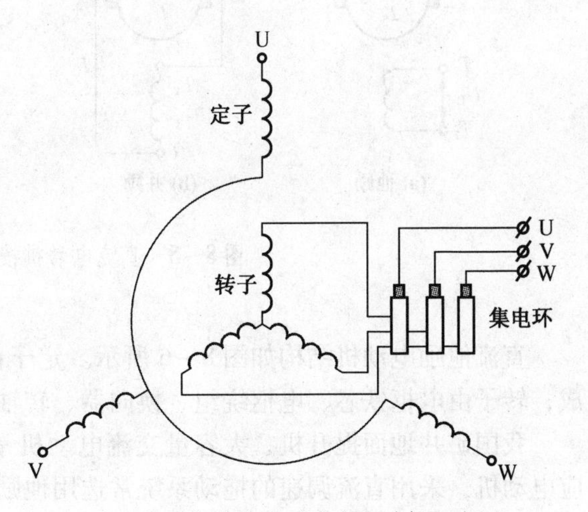

图8－2　交流绕线型感应电动机示意图

（3）额定电流。额定电流是指电动机在额定电压和额定功率时，三相定子绕组的线电流。

（4）额定频率。额定频率是指电动机接受交流电源的频率。我国电力网标准额定频率为50 Hz。

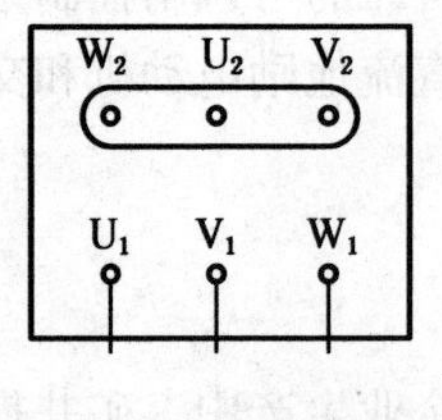

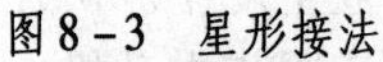

图 8-3　星形接法

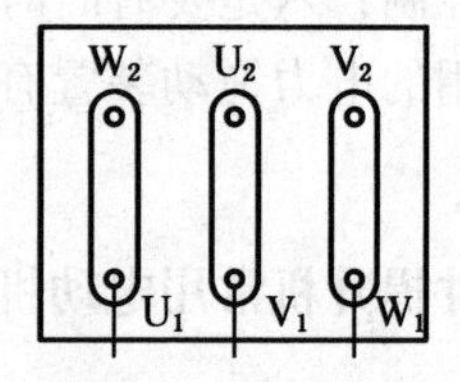

图 8-4　三角形接法

（5）额定转速。额定转速是指在额定电压、额定频率和额定负载下电动机每分钟的转数。

（6）功率因数。功率因数是指电动机的有功功率与视在功率之比，用余弦函数表示。

（7）允许升温。允许升温是指电动机在运行中的温度不得高于周围介质温度的允许差值。它取决于电动机所采用的绝缘材料等级。因此，也可用做绝缘材料等级的代号。

我国矿井地面提升机，大容量交流电动机常选用 YR 系列及 YRZ 系列三相绕线型感应电动机，中等容量交流电动机常选用 JRQ 系列、JR 系列三相绕线型感应电动机。

2. 直流他励电动机

直流电动机按励磁方式可以分为他励直流电动机、并励直流电动机、串励直流电动机和复励直流电动机 4 种。如图 8-5 所示。

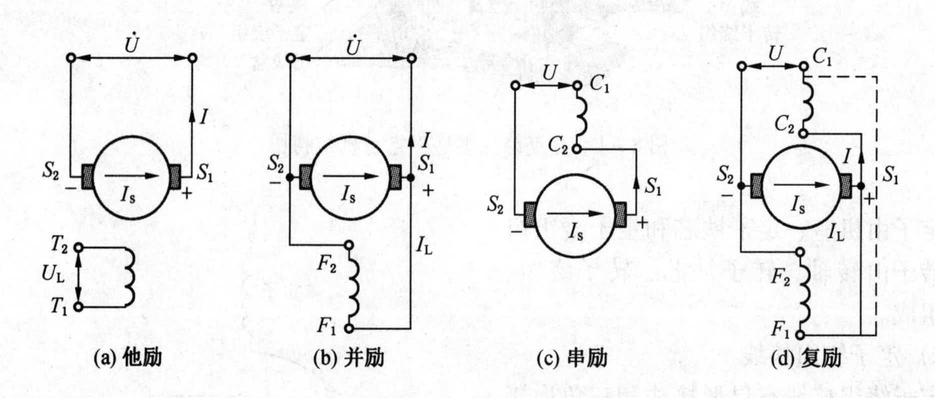

图 8-5　直流电动机按励磁分类接线图

直流他励电动机结构如图 8-6 所示。定子由主磁极、换向磁极、电刷装置和端盖组成；转子由电枢铁芯、电枢绕组、换向器、转轴和风扇组成。

我国矿井地面提升机，大容量交流电动机常选用 YR 系列及 YRZ 系列三相绕线型感应电动机，采用直流调速的拖动系统常选用他励直流电动机，中等容量交流电动机常选用 JRQ 系列、JR 系列三相绕线型感应电动机。

3. 交流同步电动机

交流同步电动机与异步电动机的定子绕组相同，只是转子绕组采用直流励磁。交流同步电动机用于提升机时必须具备三相交流电源，用改变频率的方法实现调速，来满足提升机调速的要求。

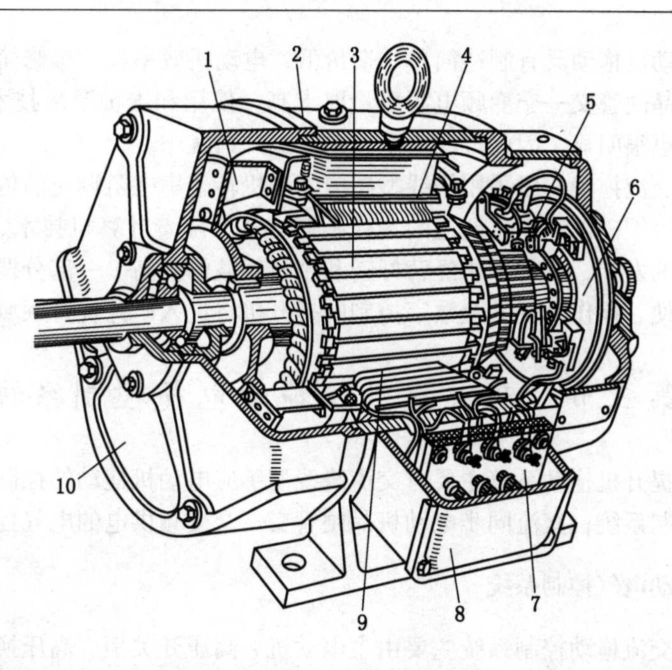

1—风扇;2—机座;3—电枢;4—主磁极;5—刷架;6—换向器;7—接线板;8—出线盒;9—换向磁极;10—端盖

图 8-6　直流他励电动机结构

二、矿井提升机电力拖动

1. 交流绕线型感应电动机拖动

交流绕线型感应电动机拖动具有系统比较简单，设备价格较低廉，使用与维护经验成熟等优点；同时也存在特性曲线过软，调速过程不够理想，增大了附加电能损失等缺点。但相比之下优点明显，因此广泛应用在矿井提升系统中。

交流电动机的电压选用：电动机容量在 200 kW 以下时为低压 380 V，250 kW 以上时为高压 6 kV。

交流绕线型感应电动机拖动提升机的电气控制系统，对于 JK 型单绳缠绕式提升机配套使用的是 TKD 型（包括 TKD－A 改进型）；对于 JKMK 型多绳摩擦式提升机配套使用的是 JKMK/J 型（包括 JKMK/J－A 改进型）。考虑到调速的平稳性，TKD 型电控系统一律附加八级启动电阻；JKMK/J 型电控系统一律附加 10 级启动电阻。还可以根据具体情况，适当增减启动电阻级数。

2. 直流他励电动机拖动

直流他励电动机拖动具有调速性能好，启动转矩大，过载能力强，系统控制方便等优点；同时也存在设备价格较高，电源质量要求高，使用和维护要求技术水平高等缺点。但相比之下优点也很明显，因此广泛应用在矿井提升系统中。

直流他励电动机拖动提升机的电气控制系统，目前主要使用晶闸管—电动机调速系统。晶闸管—电动机调速系统通过改变直流电动机电枢电压的方法来实现无级调速，随着控制设备质量以及自动化程度的提高已得到广泛使用。

3. 交流同步电动机拖动

交流同步电动机拖动具有制造简单，造价低，电动机效率高，维修简单，噪声小等优点；同时也存在晶闸管交—交变频电源质量要求高，使用和维护要求技术水平高等缺点。但相比之下优点也很明显，因此广泛应用在矿井提升系统中。

目前，我国交流拖动一般采用绕线型感应电动机转子串电阻调速的传统控制方式；直流拖动一般采用可控硅供电直流调速的现代控制方式。随着计算机技术、自动控制技术、晶闸管变频技术的发展，随着煤矿经营好转和企业效益的提高，一部分调速性能优良、运行可靠、控制方便、操作直观的全数字控制的提升机将进入矿井提升领域。

第三节　矿井提升机拖动电气控制系统

目前，矿井提升机拖动系统主要有交流绕线型感应电动机拖动的控制系统；直流拖动的全数字调速控制系统；交流同步电动机晶闸管交—交变频供电的电气控制系统。

一、交流拖动电气控制系统

矿井提升机交流拖动控制系统主要由主电动机、高压开关柜、高压换向器、动力制动接触器或低频电源接触器、磁力站、电气制动电源装置、操作台、辅助控制设备等部分组成。

（1）主电动机：提升机的原始动力。

（2）高压开关柜：双电源进线，能实现过电流和欠电压跳闸保护。

（3）高压换向器：用作主电动机的通、断电和换向。

（4）动力制动接触器或低频电源接触器：作为投入动力制动电源或低频制动电源之用。

（5）磁力站：对交流绕线式异步电动机的启动、制动、停车与换向进行控制，并具有提升机必要的电气保护和连锁装置。

（6）电气制动电源装置：包括单相或三相晶闸管电源柜、低频发电机组或晶闸管低频电源柜。

（7）操作台：以主令控制器为主对提升电动机的启动、加速、减速、停车、换向进行控制。

（8）辅助控制设备：包括①微拖动装置。在主电动机减速终了，提升机进入爬行阶段时投入微拖动，以便在停车前获得一段稳定的低速爬行阶段，实现准确安全停车。②测速发电机。显示提升机速度的大小，配合实现超速、限速保护。③深度指示器。显示提升容器实际位置，包括速度给定、精针指示、自动调零、安全保护。④自整角机和磁放大器装置。起控制和安全保护的作用。

二、直流拖动控制系统

矿井提升机直流拖动控制系统主要由高低压供电系统、提升机监控系统、安全控制系统、操作程序系统、箕斗装载程序系统等部分组成。

矿井提升机直流调速系统是由晶闸管供电的双闭环无差调速系统组成的。晶闸管供电部分的主回路是由两组电枢整流桥提供。它们分别是由整流变压器的两个二次绕组供电的十二相电枢整流器和具有反并联无环流切换的可逆磁场两部分组成，在统一主令信号的作用下彼此协调地工作。调节系统的运行指令来自给定积分器，它给出一个适应矿井提升工艺要求的速度图，通过速度调节器和电流调节器的控制和调节作用，使系统不论运行在等速阶段还是加减速阶段，都有比较平滑而又快速的特性。

1. 高低压供电系统

高压电源从矿井 60 kV 变电所引入进线柜，高压配电分为四路：

（1）电压互感器柜。除了提供系统计量及保护装置外，电枢整流器的同步电源也由此引出。

（2）低压辅助电源变压器供电柜。提供磁场整流器、380 V 辅助电动机电源及控制电源。

（3）整流变压器出线柜。为电枢整流器提供交流电源。

（4）补偿及谐波吸收装置。为晶闸管装置提供补偿及滤波器电源。高压系统为直流 48 V 电源，有不间断的 UPS 供电。

2. 提升机监控系统

监控系统是提升机运行过程中的监视及执行系统。在正常情况下，通过其主控元件的操作，实现对冷却通风、闭环控制、磁场电源以及交直流回路开关的启停控制，为提升机的运转准备好必要的条件。当系统发生故障时，又都通过其发号施令，控制相应系统的电控开关断开，从而停止提升机的运行。

监控系统的操作是按照设计程序的原理进行的，具体包括主电动机及电枢整流器冷却通风系统、闭环控制监控系统、磁场监控系统、交流电源闭合监控系统和直流回路监控系统 5 个部分。

3. 安全控制系统

安全控制系统是保证提升机安全运行的主要设施。在提升机运行的设计中，必须按照《煤矿安全规程》的要求设置各项保护设施。

4. 操作程序控制系统

提升机的操作程序，就是操作提升机运行的全过程，即在各种运行方式下，提升机的启动、加速、减速、停车的过程。在这些过程中，各个控制电路之间存在着一种特定的关系，就是操作程序。只有按照这个程序运行，提升机才能安全可靠地运行；否则，提升机就不能启动，特别是在自动运行环节。

操作程序控制系统包括同步调整系统、运行方式认可系统、去向决定系统、自动松闸指令系统、液压站控制系统。

5. 箕斗装载程序系统

箕斗装载程序即箕斗装煤的特定过程。只有按照该程序操作，装煤任务才能完成，否则将会造成事故。箕斗装载程序系统就是箕斗停止在井底装载区域，手动或自动发出相应定量仓闸门打开的指令，控制相应的执行机械工作，从而打开定量仓门装煤。装载完毕，又发出闸门关闭指令关门。当闸门关闭后，发出井下箕斗上行的指令，启动提升机运行提煤。

6. 数控改造后系统

数控提升机的主控回路一般由 PLC、通信模块、输入和输出模块、数据采集模块和继电器等组成。在全数字调节系统的控制下，主回路将主电源转换为适合于主电动机运行的电源。主回路可采取电枢电流换向、磁场换向。

全数字调节系统采用模块式结构，软件由操作系统、上位机编程软件及应用程序3部分组成，基本上实现了图形化、结构化。基本功能模块包括硬件配置、算术运算、输入和输出、通信、故障诊断等。

主控PLC与安装在主轴上的编码器相配合，完成提升机行程和提升速度的控制。

第四节　TKD－A电气控制系统

TKD－A电气控制系统由主回路、辅助回路、测速回路、安全回路、可调闸回路、控制回路、调绳闭锁回路、减速阶段限速保护回路、动力制动回路和自整角机深度指示器回路10个部分组成。

一、主回路

1. 作用

用于供给提升电动机电源，实现失压、过电流保护，控制电动机的转向和调节转速。

2. 组成

（1）高压开关柜：包括①高压隔离开关QS；②高压油短路器QF；③电流互感器TA；④过流脱扣线圈AGQ；⑤电压互感器TV；⑥失压脱扣线圈VSQ；⑦紧急停车开关SF；⑧高压换向器进门连锁开关SL；⑨加速电流继电器KAC；⑩高压熔断器HFU。

（2）高压换向器的常开触头。

（3）线路接触器的常开触头。

（4）动力制动接触器的常开触头。

（5）动力制动电源装置KZG。

（6）提升电动机。

（7）电动机转子电阻。

（8）加速接触器的常开触头（1～8KM）。

（9）装在操作工台上的电流表和电压表。

二、辅助回路

1. 作用

实现对辅助设备及控制回路的供电与控制。

2. 组成

（1）双回路三相电源供电，线电压为380 V，相电压为220 V。

（2）晶闸管动力制动电源装置KZG。

（3）制动油泵电动机MC_1、MC_2。

（4）润滑油泵电动机MC_3、MC_4。

（5）四通阀电磁铁Y_2。

（6）安全阀电磁铁Y_3。

（7）五通阀电磁铁 Y_4。

（8）控制回路电源 KM_4、SA_8。

三、测速回路

1. 作用

通过安装在减速器快轴上的伸出端的测速发电机，把提升机的实际速度测量出来，以供给速度比较回路和一些以速度为函数的电气元件。

2. 组成

（1）他励直流测速发电机 BR。提升机速度达到最大时，输出电压为直流 220 V。

（2）速度表 V_2。

（3）方向继电器 KFW、KR。控制速度给定自整角机 B_5、B_6，使提升机根据提升方向有选择地工作，并相互闭锁。

（4）低速爬行继电器 KSD。用于低速爬行阶段，实现二次给电。

（5）动力制动速度继电器 KV_1、KV_2、KV_3。用于动力制动时，按速度原则调节转子电阻即调节提升速度。

（6）等速阶段过速保护继电器 KGS_2。在等速阶段过速 15% 时动作，断开安全回路，进行安全制动。整定电压为 $220\ V \times 1.15 = 253\ V$。

四、安全回路

1. 作用

（1）保证提升机在正常、安全状态下启动运行。

（2）防止和避免提升机发生意外事故。

2. 组成

（1）SLK_1——主令控制器“0”位连锁触点。主令控制器操作手把在中间“0”位时闭合，运行时断开，使提升机必须在断电状态下解除安全制动，防止事故解除后提升机自动启动，而引发事故。

（2）SDZ_1——工作闸制动手柄连锁触点。制动手柄在紧闸位置时闭合，脱离紧闸位置时断开，使提升机必须在工作制动状态下解除安全制动，防止提升机在容器及钢丝绳等重力作用下有自动运转的可能。

（3）KJS——测速回路断线监视继电器的常开触点。其线圈接在测速反馈回路，当加速过程终了时，与之并联的 8KM 的常闭触点断开，如果测速回路断线无电压时 KJS 起作用，断开安全回路，实现安全保护。在加速过程中，当未达到 KJS 吸合值前，由于 8KM 的常闭触点闭合，KJS 不起作用。

（4）KGS_1——减速阶段过速继电器的常开触点。该继电器接于磁放大器 AM_2 的输出端，当提升机减速阶段的速度超过设计速度的 10% 时，AM_2 的输出电压突然下降，KGS_1 释放，此触点断开安全回路，实现安全制动。

（5）KGS_2——等速阶段过速继电器的常闭触点。当提升机在等速阶段的实际速度超过最大速度 15% 时，接在测速回路的等速阶段过速保护继电器 KGS_2 吸合，此触点断开安全回路，实现等速阶段的过速保护。

（6）KJ_2——制动油过压保护继电器的常闭触点。制动油过压，KP_1 触点闭合，接通线圈回路，使回路断电。

（7）KSLJ——深度指示器自整角机激磁回路断线监视继电器的常开触点。若深度指示器自整角机激磁回路断线，深度指示器不能显示提升容器的位置，KSLJ 延时断开安全回路，实现安全保护。KSLJ 延时动作的目的是为防止 SL 继电器触点抖动而产生误动作。

（8）KSY——动力制动电源失压继电器的常开触点。保证动力制动电源有电时方可启动提升机，为实现动力制动减速提供可靠的电源。

（9）QF——高压短路器的常开触点。高压开关柜合闸时，QF 辅助触点闭合。当主回路因短路、过负荷或电源欠压、失压、高压换向器室门被打开以及踏动紧急制动停车开关引起 QF 跳闸时，此触点断开安全回路，实现安全制动。

（10）SL_1、SL_{1A}、SL_2、SL_{2A}——安装在深度指示器和井架上的过卷开关的常闭触点。过卷开关成对装在井架和深度指示器上，当提升机发生过卷时，断开安全回路，实现安全制动。

（11）SL_3、SL_4——闸瓦磨损开关的常闭触点。闸瓦磨损超过规定值时，断开安全回路，实现安全保护。

五、可调闸控制回路

1. 作用

实现矿井提升机机械闸的松闸、紧闸自动控制。

2. 组成

（1）两套电液调压装置，其中一套工作，另一套备用。

（2）磁放大器 AM_1。

六、控制回路

1. 作用

实现提升机启动与提升信号的闭锁，以电流为主时间为辅的自启动过程和减速、爬行阶段的速度控制等。

2. 组成

（1）信号回路。

（2）电动机正反转回路。

（3）动力制动接触器回路。

（4）转子电阻控制回路组成。

七、调绳闭锁回路

1. 作用

实现调绳过程中的安全保护。

2. 组成

（1）调绳转换开关 1QC。

（2）调绳按钮 SA_{10}。

（3）调绳安全联锁开关 SL_5。
（4）调绳离合器的行程开关 SE_1、SE_2。

八、减速阶段过速保护控制回路

1. 作用
实现减速阶段过速 10% 时的安全保护。
2. 组成
（1）磁放大器 AM_2。
（2）过速继电器 KGS_1。

九、动力制动回路

1. 作用
实现提升机电气制动。
2. 组成
（1）动力电源接触器 KMB。
（2）晶体管动力制动柜 KZG。

十、自整角机深度指示器回路

1. 作用
指示提升容器在井筒中的位置。
2. 组成
（1）自整角机 B_3、B_4。
（2）失流继电器 KSL。

第五节　矿井提升机电气制动与爬行控制

一、电气制动系统的类型和特点

《煤矿安全规程》规定，提升机除设有机械制动闸外，还应设有电气制动装置。电气制动是电动机减速或停车过程中，电动机转子产生一个与转向相反的电磁力矩，作为制动力矩使电动机减速或停止转动。电气制动的方法主要包括发电制动、动力制动、反接制动、变频和低频发电制动。

（1）发电制动。电动机运行时由于受外力驱动，当转速超过某一临界转速时，输出由正转矩变为负转矩，电动机变为发电机运行，发出的电能送回电网，电动机运转起到制动作用。感应电动机的同步转速就是这一临界转速。矿井提升机重载下放全速运行时，运行不会超速就是发电制动的作用。

（2）动力制动，又称为能耗制动。断开三相交流电源，在电动机定子绕组任意两相输入直流电流，则定子建立静止磁场；当转子在外力驱动下转动时，转子绕组同静止磁场产生相对运动，转子绕组便产生电势，通过外回路电阻产生的电流又建立了动磁场。转子动磁场同静磁场相互作用产生的制动称为动力制动。动力制动可以在低速范围内运行，在提升机上运行比较广泛。

（3）反接制动。为了使电动机快速停车或逆转，将电动机电源从电网上拉下来，再接入同原运转方向相反的电源，使电动机产生负转矩，称为反接制动。反接制动力矩较大且制动快，但所产生的电流冲击和力矩冲击也很大，在提升机上应用较少。

（4）变频和低频发电制动。采用变频和低频发电电源的拖动系统，可以以发电制动的方式实现电气制动。

低频制动使电动机的减速阶段运行在发电制动区。电动机转速在超过同步速度变为发电机运行输出负力，起制动作用，通过变频器向电网反馈一部分电能。但是，在减速过程中需要加入大量电阻，减速时由机械能转变为电能的大部分都消耗在电阻上，只有少部分反馈回电网。提升机电动机由制动状态到电动状态可以自然过渡，其减速度在爬行阶段比较平稳。在接近爬行速度时，转子电阻全部被切除，工作在自然特性曲线上，爬行速度更加稳定，有利于实现自动提升。

二、动力制动

1. 动力制动装置的类型

常用的动力制动装置有：KZG－3 型三相晶闸管动力制动柜、KZG－2 型单相晶闸管动力制动柜和动力制动电动机—直流发电机组 3 种。

（1）KZG－3 型三相晶闸管动力制动柜，其主回路为三相桥式半控整流电路，采用磁放大器综合放大信号的单闭环晶闸管动力制动系统。

（2）KZG－2 型单相晶闸管动力制动柜，其主回路为单相桥式半控整流电路，采用脚踏自整角机输出和磁放大器综合比较信号控制的单闭环晶闸管动力制动系统。

（3）动力制动电动机—直流发电机组，用低压感应电动机拖动直流他激发电机的机组，为主电动机提供制动电流，直流输出的大小通过调节他激磁电流控制。

2. 晶闸管动力制动系统的特点

晶闸管动力制动系统与直流发电机组相比有以下特点：

（1）系统有良好的静态特性，可以缩短爬行时间，增加提升能力。

（2）效率高，节约电能，占地小。

（3）无旋转部分，无振动，无噪声。

（4）故障率低，维修量小。

因此，近年来动力制动机组已逐渐被晶闸管动力制动系统所取代。KZG－3 型晶闸管动力制动柜由主回路和触发回路两部分组成。主回路为直接受电于 380 V 交流电源的三相半控整流电路。晶闸管的开通靠脉冲触发电路发出的脉冲信号来实现，通过调节脉冲触发电路的相位，便可改变主回路的直流输出电压，从而改变注入电动机定子的直流励磁电流，改变电动机的制动力矩和速度。

三、低频制动

低频制动不需要增加机械设备，利用低频 3 ~5 Hz 交流电源直接送入主电动机，使其低速运行。因为交流感应电动机的转速是与频率成正比的，所以只要有低频电源装置便可实现低频制动。

低频电源有低频发电机组、晶闸管交—直—交变频装置、晶闸管交—交变频装置3种。

（1）低频发电机组。由一台交流电动机带动一台低频发电机。

（2）晶闸管交—直—交变频装置。是一种利用硅整流器将工频交流电源变为直流电源，再用晶闸管将直流电源变成需要的低频交流电源的变频装置。

（3）晶闸管交—交变频装置。是由晶闸管元件构成的，将交流工频电源直接变成低频电源供提升主电动机使用的变频装置。

在低频电源实现低速爬行过程中，当电动机转速高于由低频电源产生的同步转速时，还可以获得低频发电制动的效果。

提升机从等速阶段开始减速时，使定子从工频电网切断，接入低频电源，电动机转子串入全部电阻，此时电动机转速远高于低频电源所产生的同步转速，电动机便运行在发电制动状态，电动机输出为负力，产生制动作用。为了增大制动力矩，再逐级切除电阻，速度下降，直到全部切除电阻，电动机运行到低频电源所形成的自然特性上，此时，提升负载不管是正力还是负力，都将稳定于爬行速度。

四、爬行

主井提升容器采用能自动装卸载的箕斗，当箕斗接近终点时需要自动减速，并能稳定地进入曲轨完成自动卸载的低速爬行程序。

1. 微拖动爬行

在交流拖动系统中，采用一台容量小于主电动机十几倍的低压电动机拖动提升机，使提升机运行到爬行时，通过气囊离合器与主电动机轴结合后带动提升机低速运行。

2. 低频爬行

在交流拖动系统中，采用低频2.5 Hz交流电源直接送入主电动机，使其低速运行（0.5 m/s），实现爬行。

3. 脉动爬行

在交流拖动系统中，利用低速继电器的反复动作，使提升机高压换向器间歇通、断电，提升机主电动机运行速度为1.5 m/s时断电减速，运行速度为0.5 m/s时通电加速，完成低速爬行。

4. 降压爬行

降压爬行应用于直流动系统中，由于他励直流电动机具有良好的调速特性，只要电枢两端电压降低过程中连续可调，就可以实现无级调速，便可获得0.5 m/s的爬行速度，稳定在低转速运行状态，实现爬行。

【案例】

事故经过：

1980年4月12日，某矿斜井发生断绳跑车事故。该斜井为单钩串车提升，规定一次牵引14辆矿车，当矿车刚出井口进入栈桥时，安全回路发生故障，从而使保险闸动作，发生松绳现象，导致矿车下滑拉断钢丝绳，造成跑车事故。

直接原因：

由于提升机电控系统中的安全回路发生故障，使保险闸动作，发生松绳现象，导致矿车下滑拉断钢丝绳而跑车。

间接原因：

(1) 保护装置不完善。

(2) 提升机操作工注意力不集中，松绳后处理措施不当。

(3) 提升机超载运行。

预防措施：

(1) 提高松绳保护的可靠性，增设必要的闭锁和信号显示装置。

(2) 严禁提升机超载运行。

(3) 加强安全教育培训工作。提高提升机操作工的安全意识、操作水平和责任心。

复习思考题

1. 简述提升机常用的交流电压等级。
2. 电气安全保护种类有哪几类?
3. 触电方式有哪几种?
4. 安全电流、安全电压数值是多少?
5. 提升机常用电动机的种类有哪几类?
6. 交流绕线型感应电动机拖动常用的电控系统主要有哪几种?
7. 交流拖动电气控制系统的组成是什么?
8. TKD－A 电气控制系统主要回路有哪几种?
9. 直流拖动控制系统的组成是什么?
10. 提升机数控系统的组成是什么?
11. 电气制动的种类有哪几类?

第九章　矿井提升机安全管理制度与提升系统速度图

知识要点

☆ 提升机房安全管理制度

☆ 提升系统速度图

☆ 提升机对最大提升速度、加速度的要求

第一节　矿井提升机房安全管理制度

矿井提升机是煤矿安全生产的重要设备之一。加强提升机运行的安全管理、建立和健全提升设备的安全管理制度、规范提升机操作工行为、严格执行操作规程是确保提升机安全运行的重要保证。因此，必须建立和健全提升机操作工的安全岗位责任制，认真进行岗位操作规程的培训，杜绝人为因素造成的提升安全事故。

一、矿井提升机房标准化内容

1. 提升机房设施标准

(1) 房内整洁卫生、窗明几净，无杂物、油垢、积水和灰尘，禁止机房兼作他用。

(2) 房门口挂有“机房重地、闲人免进”字牌。

(3) 机房内管线整齐。

(4) 有工具且排放整齐。

(5) 防护用具齐全（绝缘靴、手套、试电笔、接地线、停电牌），并做到定期试验合格。

(6) 灭火器材齐全，放置整齐，数量充足（2~4 个灭火器，0.2 m^3 以上的防火沙）。

(7) 照明适度，光线充足，并备有行灯。

(8) 有适当的采暖降温设施（暖气、电扇或空调等）。

(9) 带电及转动部分有保护栅栏和警示牌。接地系统完善，接地电阻符合规定。

2. 提升机装置资料标准

《煤矿安全规程》第四百三十条规定，提升装置管理必须具备下列资料，并妥善保管：

(1) 提升机说明书。

(2) 提升机总装配图。

(3) 制动装置结构图和制动系统图。

（4）电气系统图。

（5）提升机、钢丝绳、天轮、提升容器、防坠器和罐道等的检查记录簿。

（6）钢丝绳的检验和更换记录簿。

（7）安全保护装置试验记录簿。

（8）故障记录簿。

（9）岗位责任制和设备完好标准。

（10）司机交接班记录簿。

（11）操作规程。

制动系统图、电气系统图、提升装置的技术特征和岗位责任制等必须悬挂在绞车房内。

3. 提升机设备性能标准

（1）零部件完整齐全，有铭牌（主机、电动机、磁力站），设备完好并有完好牌及责任牌。

（2）合理使用，经济运行。

（3）钢丝绳有出厂合格证，试验检查符合《煤矿安全规程》的要求。

4. 提升机设备保护监测装置标准

（1）供电电源符合《煤矿安全规程》规定：主要通风机、提升人员的提升机、抽采瓦斯泵、地面安全监控中心等主要设备房，应当各有两回路直接由变（配）电所馈出的供电线路；受条件限制时，其中的一回路可引自上述设备房的配电装置。

（2）高压开关柜的过流继电器、欠压释放继电器整定正确，动作灵敏可靠。

（3）脚踏开关动作灵敏可靠。

（4）过卷开关安装位置符合规定，动作灵敏可靠。

（5）松绳保护（缠绕式）动作灵敏可靠，并接入安全回路。

（6）换向器栅栏门有闭锁开关，灵敏可靠。

（7）箕斗提升有满仓信号，并且有满仓不能开车、松绳、给煤机不能放煤的闭锁。

（8）使用罐笼提升的立井，井口安全门与信号闭锁；井口阻车器与罐笼停止位置相连锁；摇台与信号闭锁；罐笼与罐笼闭锁。

（9）每副闸瓦必须有磨损开关，调整适当，动作灵敏可靠。

（10）过速和限速保护装置符合《煤矿安全规程》的要求，并有接近井口不超过 2 m/s 的保护，动作灵敏可靠。

（11）方向继电器动作灵敏可靠。

（12）制动系统要符合机电设备完好标准和《煤矿安全规程》的要求。斜井提升制动减速度达不到要求要采用二级制动。双卷筒绞车离合器闭锁可靠。

（13）三相电流继电器整定正确，动作灵敏可靠。

（14）灭弧闭锁继电器动作灵敏可靠。

（15）深度指示器指示准确，减速行程开关、警铃和过卷保护装置灵敏可靠，并具有深度指示器失效保护。

（16）限速凸轮板制动正确可靠，提升机按设计和规定的速度图运行。

（17）制动油有过、欠压保护，润滑油有超温保护。

（18）各种仪表指示正确灵敏并定期校验。

（19）打点指示器指示正确，信号要有闭锁。

（20）信号声光俱全，动作正确，检修与事故信号应有区别。

（21）通信可靠，井口与车房应有直通电话。

（22）负力提升及升降人员的提升机应有电气制动，并能自动投入正常使用。盘形制动器提升机必须使用动力制动。

（23）安全回路应装设故障监测显示装置。

（24）地面高压电动机有防雷保护装置。

二、提升机房安全保卫制度

（1）非工作人员不得入内，外来参观者必须由相关人员陪同。

（2）各种防范设施应齐全、完好。灭火器、砂箱和消防栓等按要求配置。

（3）提高警惕，加强“防火、防盗、防破坏”工作，保证提升设备的安全运行。

（4）提升机房内禁止存放易燃、易爆品。

（5）发生事故，应及时采取补救措施，并妥善保护现场，及时上报。

（6）严格执行本岗位保卫制度。

三、提升机机房交接班制度

（1）接班人员要提前 10 min 到岗，在工作现场进行交接班。

（2）提升机操作工在交接班过程中应严格按照巡回检查制度规定的相关内容认真进行检查。

（3）交清当班运转情况，交代不清不接。

（4）交清设备故障和隐患，交代不清不接。

（5）交清应处理而未处理问题的原因，交代不清不接。

（6）交清工具和材料配件的情况，数量不符时不接。

（7）交清设备和室内卫生打扫情况，不清洁不接。

（8）交清各种记录填写情况，发现填写不完整或未填写时不接。

（9）交班不交给无合格证者或喝酒和精神状态不佳的人，非当班提升机操作工交代情况时不接。

（10）接班时提升机操作工认为未按规定交接班时，有权拒绝交接班，向接班人说明原因并及时向上级汇报。

（11）在规定的接班时间内提升机操作工缺勤时，未经领导同意，交班提升机操作工不得擅自离岗。

（12）若当班提升机操作工正在操作，提升机正在运行时，不得进行交接班。

（13）在交接班过程中，如遇特殊情况可向单位值班领导汇报，请求解决，不得擅自离岗。

（14）交接工作经双方同意时，应在交接班记录簿上签字，方为有效。

四、提升机操作工岗位责任制

（1）坚持煤矿安全生产方针，树立安全第一的思想。在操作中精力集中，谨慎操作，作业规范。严格执行《煤矿安全规程》，不违章操作，拒绝任何人的违章指挥。

（2）严格执行信号不明不开、没看清上下信号不开、启动状态不正常不开；注意电压、电流表指示是否正常，注意制动闸是否可靠，注意深度指示器指示是否准确，注意缠绕式提升机钢丝绳排列是否整齐，注意润滑系统是否正常。

（3）加强责任心，做到知设备结构、知设备性能、知安全设施的作用和原理；会操作、会维修、会保养、会排除故障；严格执行交接班制度，严格执行操作规程，严格执行要害场所管理制度，严格进行巡回检查，严格进行岗位练兵。

（4）监视提升机的运行，掌握运行状态，提升机出现异常情况和运行状态发生变化时，应及时停车并向单位值班人员汇报，且能准确描述现象和过程，为维修人员提供可靠信息。

（5）配合维修工检修，检修期间应执行各项作业制度，坚持一人操作一人监护，并进行检修后的试车和验收。检修班应测试“井架（塔）过卷”保护，保护起作用后方可恢复运行。当提升机出现紧急停车时，必须准确详细地向上级汇报，原因未查明，未经许可严禁恢复送电开车。

（6）认真填写“五录”（交接班记录、巡回检查记录、安全装置试验记录、人员进出记录、运转日志），负责机房及设备的通风、降温和防火、防风、防雨工作，保持设备与环境卫生整洁干净。

（7）坚守岗位，不得擅离职守，对所在单位人员与设备的安全负责，确保矿井提升安全运行。

（8）负责对机房设施、物品的保管和监督检查。完成上级安排的临时任务，并对其他班组的工作负有协作责任。

（9）因精力不集中或误操作造成过卷、断绳等重大事故，应负直接责任。

五、提升机操作工监护制度

在提升机运行操作过程中，配备正、副两名提升机操作工，他们轮流操作，一名操作工操作，另一名操作工监护。实行监护操作工责任制不但可以及时避免主操作工操作中的失误，在必要时还可操作保险闸避免事故的发生，保证提升机安全运行。

1. 监护操作工的主要职责

（1）监护操作工必须经有资质的培训机构培训，考试合格，持证上岗。

（2）监护操作工必须认真进行巡回检查，及时掌握提升机的运行状态，发现问题应根据职责权限及时进行处理和报告。

（3）监护操作工必须及时提醒操作工减速、制动和停车。

（4）监护操作工必须监护观察操作工的精神状态，当出现应紧急停车而操作工未操作时，监护操作工应及时采取措施，对提升机进行安全制动。

2. 主、副操作工操作与监护要求

在执行下列工作任务时必须主操作工操作，副操作工监护。

（1）交接班提升人员时。

（2）运送炸药、雷管等危险品时。

（3）吊运大型特殊设备和器材时。

（4）检修井筒及提升设备，提升容器顶上有人工作时。

（5）实习操作工开车时，正式操作工必须在旁监护。

六、提升机操作工巡回检查制度

（1）要定时、定点、定线路、定内容、定要求地对提升机进行检查，掌握情况，录取数据，积累资料，保养机器，发现问题，消除隐患，保证提升设备安全运行。

（2）巡回检查的基本要求：①巡回检查主要采用手摸、目视和耳听等方法；②巡回检查按检查线路图每小时检查1次；③巡回检查要按主管部门规定的检查线路图和检查内容依次逐项检查，不得遗漏；④在巡回检查中发现问题能处理的及时处理，不能处理的及时上报由维修工处理，所发现问题及经过必须记入运行日志。

（3）巡回检查的重点：①制动系统是否灵敏可靠，施闸时闸瓦与闸轮（或制动盘）接触是否平稳、有无剧烈跳动和颤动现象，松闸时闸瓦间隙是否符合要求，闸瓦有无断裂、磨损，剩余厚度是否超过最小允许值。液压或气压系统是否正常，有无漏油或漏气现象；②卷筒转动时有无异响和振动，主轴有无大的窜动，钢丝绳排列是否整齐，有无松绳现象；③减速器传动有无异常声响，油量是否正常，离合器的啮合是否正常及其磨损是否超限；④各润滑部位的润滑剂是否正常，各发热部位的温度是否超过规定值；⑤深度指示器的位置是否准确，各种仪表（电流表、电压表、压力表、速度表及温度计等）的指示是否正常；⑥各种安全保护装置是否灵敏可靠；⑦提升电动机转动有无异常声响和振动，电刷与滑环接触是否良好，有无冒火现象；⑧电控系统的接触器、继电器的动作是否灵敏可靠；⑨单钩提升下放时注意钢丝绳跳动有无异常，上提时电流表有无异常摆动。

七、提升机安全运行管理规定

1. 操作纪律

（1）提升机操作工操作时，手不准离开手把，严禁与他人闲谈，开车后不得再打电话。

（2）在操作期间禁止吸烟，并不得离开操作台及做其他与操作无关的事。操作台上不得放置与操作无关的异物。

（3）提升机操作工接班后严禁睡觉、打闹。

（4）提升机操作工应轮流操作，每人连续操作时间一般不超过1 h，在操作运行中，禁止换人。因身体不适，不能坚持操作时，可中途停车，并与井口信号工联系，由另一名提升机操作工代替。

（5）对监护操作工的示警性喊话，禁止对答。

2. 操作运行中的注意事项

（1）在整个操作过程中要精力集中，并随时注意观察操作台上的主要仪表（如电压表、电流表、气压表、油压表、速度表等）的读数是否在正常的范围内变化。

（2）要注意提升机在运转中的声音是否正常。

（3）对于单绳缠绕式提升机，要注意钢丝绳在卷筒上缠绕的排列位置是否整齐有序。

（4）提升机操作工应注意观察深度指示器指针的位置和移动的速度是否正常，当指到减速阶段开始的位置时，及时进行减速阶段的操作。

(5) 注意听信号和观察信号盘信号的变化。

(6) 注意观察各种保护装置的声光显示是否正常。

(7) 提升机在等速运转时，电动机操纵手把应在推（拉）的极限位置，以免启动电阻过度发热（交流电动机）。

(8) 单钩提升下放时注意钢丝绳跳动有无异常，上提时电流表有无异常摆动。

(9) 正常终点停车时，操作工应注意以下几点：①注意深度指示器终端位置或卷筒上的停机位置绳记，随时准备施闸；②使用工作闸制动时，不得过早和过猛，直流拖动提升机应尽量使用电闸，机械闸一般在提升容器接近井口位置时才使用（紧急事故除外）；③提升机减速时不准合反电顶车，必须将主令控制器手把放在断电位置，适当用闸；④提升机断电的早晚应根据负荷来决定，如过早则要合二次电，过晚则要过度使用机械闸，这两种情况都应该尽量避免；⑤停车后必须把主令控制器手把放在断电位置，将制动闸闸紧。

(10) 当提升机操作工收到的信号不清或有疑问时，不得开机，应立即与信号工联系，消除原信号，重发信号后再进行操作。

(11) 提升机运行中因故停机，再次启动难以辨别运行方向时，提升机操作工必须用电话与井口信号工联系，确认后方可操作。

3. 斜井提升运转时的注意事项

(1) 注意电动机、轴承等各部位温度，不得超过规定值。

(2) 注意机械各部的振动情况和运转声响，如有异常，应立即停车检查。

(3) 注意抱闸是否灵活可靠，当全速运行发生事故时应立即停车；停车地点与事故地点之间的距离：上行不超过 5 m，下行不超过 10 m。

(4) 注意深度指示器是否准确可靠。

(5) 下放车时，必须送电运行。

(6) 钢丝绳的排列应整齐、不反圈、不松动。如果发生反圈松动现象，应立即停车处理。

(7) 上行车行至顶端停车位置，下行车下放到终点，如无信号，也要立即停止运转。

(8) 发现电动机超载、冒火或有烧焦气味时，应立即停止运转。

(9) 全速运行时，非紧急事故情况下，不得使用安全闸。

(10) 挂人车行至上、下停车场时，必须由人车把钩工打停车点。

(11) 除停车场外，如果中途停车，任何情况下都不得松闸。

4. 双卷筒提升机的调绳操作注意事项

(1) 调绳前，必须将两钩提升容器卸空，并将活卷筒侧提升容器放到井底。

(2) 调绳时，必须先将活卷筒固定好并锁死，方可打开离合器。

(3) 每次对绳时，应对活卷筒套注油后再进行对绳。

(4) 在合离合器前，应进行对齿，并在齿上加油后，再合离合器。

(5) 离合器啮合过紧，退不出或合不进时，可以送电，使死卷筒少许转动后再退（合），不得硬打，以防损坏离合器。

(6) 调绳期间，严禁单钩提升或下放。

(7) 调绳结束后检查液压系统，各电磁阀和离合器油缸位置准确，并要进行空载运行，确认无误时方能正常提升。

5. 异常情况下的操作要求

（1）提升机在运转中出现下列情况之一，应立即断电，并用安全闸进行安全制动：①出现紧急停车信号，或在加速阶段出现意外信号；②主要零部件失灵；③提升容器接近井口位置时尚未减速；④其他意外的严重故障。

（2）提升机在运转中发现下列情况之一，应立即断电，并用常用闸制动，进行中途停车：①电流过大，加速过慢，提升机启动不起来；②压力表（气压和油压表）所指示的压力小于规定值；③提升机在运转中声响不正常；④出现不明信号；⑤速度超过规定值，而过速和限速保护未起作用。

《煤矿安全规程》规定，严禁用常用闸进行紧急制动。因为紧急制动是提升机在运行当中出现以上情况或其他紧急情况时强制性使绞车停止运行。采用具有二级制动特性的保险闸可以使整个制动过程平稳可靠、及时准确。而常用闸由于不具备二级制动特性，其制动力矩受控于提升机操作工的随意性操作，制动力太小则不能可靠的抱闸，制动力太大易对设备造成冲击，在高速时还容易造成断绳、滑绳等更为严重的事故。更易使闸衬发热烧焦，摩擦系数急剧下降，制动失效，造成飞车等恶性事故。因此，严禁用常用闸进行紧急制动。

6. 事故停车后的注意事项

（1）提升机在正常运转中如遇故障，安全保护装置动作，造成提升机突然停机，操作工应立即向矿调度室报告，并进行以下工作：①将手把放在断电位置；②将制动闸闸紧；③根据事故发生的不同按以下步骤进行相应的处理，并将事故的经过、发生的原因及处理结果记入运行日志和事故记录簿。

（2）如果停机是因提升机自身出现故障停机，在故障原因未查清和消除之前，禁止动机。原因查清后，故障未能全部处理完毕，但已能暂时恢复运行，经主管负责人批准后可以恢复运行，将提升容器升降至终点位置，完成本钩提升行程后，再停机继续处理。

如果发生的故障操作工不能自行处理，应立即报告主管负责人。

（3）提升机因停电而造成停机，提升机操作工在向矿调度室报告的同时，应进行下列工作：①立即断开总开关，将主令控制器手把置于中间“0”位；②工作闸置于紧闸位置；③将所有电气启动装置置于启动位置；④与配电站取得联系，并报告主管负责人；⑤待送电后重新启动开机。

（4）提升机在运转中由于安全闸突然制动而停机时，如有下列情况，必须检验钢丝绳及连接装置后才能继续开车：①钢丝绳猛烈晃动；②绳速在5 m/s以上（根据深度指示器指示的位置）时；③制动减速度值在3.5 m/s以上（根据制动闸试验记录及观察制动后卷筒转动的圈数）时。

（5）提升机由于卡住箕斗或罐座托住罐笼，开机时引起钢丝绳松弛，应立即停机并视情况进行处理：①由于煤仓仓满卡住箕斗，开机后引起钢丝绳松弛，应与有关人员联系，在未处理完毕之前，不准由煤仓向外卸煤；②因罐座托住罐笼，开机后引起的钢丝绳松弛，应与信号工联系，在未处理完毕之前，不准抽回罐座；③松绳不多，钢丝绳未发生扭结现象时，操作工可以慢慢反向开机，将绳卷回；④松绳较多，可能造成扭结时，操作工应立即与钢丝绳查验工（或维修工）联系，在上述人员未到达之前，操作工应抓紧处理，慢慢反向开机，将绳卷回。

(6) 提升机如果因安全保护回路发生故障停机时，应向矿调度室报告，并视情况立即进行以下工作：①查明故障的原因，提升机操作工如果能处理时，应立即恢复开机；②查明故障原因后，如不能立即处理恢复时，对于有相互独立的双线形式的同类保护(如过卷保护)，可以短路其中之一，在一人操作一人监护下恢复开机，待本钩提升结束后马上进行处理；③限速装置发生故障，若不能立即进行修复时，应立即报告主管部门采取有效措施后，方可恢复开机；④安全保护回路的其他部分，如发生断线、接地、接触不良等故障，而被保护部分的本身尚且正常，可以短路该故障电路或触点，在加强对该部位监视下恢复开机，待本钩提升结束后马上进行处理。

(7) 过卷停车时，应向调度室报告，经与井口信号工联系，维修电工将过卷开关复位后，可反方向开车将提升容器放回停车位置，恢复提升。

(8) 钢丝绳遭受到卡罐、突然停车等猛烈拉力时，必须立即停车对钢丝绳进行检查，检查无误后方可恢复运行。

八、防灭火制度

1. 机房火灾的防范措施

(1) 保持电气设备的完好，发现故障及时处理。

(2) 避免设备过负荷运转，设置温度保护装置。

(3) 保持电气设备的清洁，电缆要吊挂整齐，及时清理设备的油污。

(4) 检修人员应及时清理擦拭设备带有油污的棉纱，在使用易燃清洁剂时，严禁抽烟。

(5) 配齐不同类型的消防器材，并加强管理，定期检查试验，用后应及时补齐。

(6) 室内电缆悬挂整齐。

(7) 制定火灾防范应急措施，制定避灾路线。

(8) 加强对变压器等发热设备的巡检，掌握设备运行的温升状况，发现温升异常时及时停机、停电。

(9) 提升机房严禁吸烟，严禁使用电炉烧水、煮饭。

2. 机房火灾的灭火方法

(1) 及时切断电源，以防火灾蔓延，并防止灭火时造成触电。

(2) 火灾发生后，立即向矿调度室汇报。

(3) 灭火时，不可将身体或手持的灭火用具触及导线和电气设备，以防触电。

(4) 应使用不导电的灭火器材。

(5) 扑灭油火时，不能用水，只能用砂子或二氧化碳灭火器、干粉灭火器。

第二节　矿井提升系统速度图

为了确保矿井提升系统安全可靠运行，矿井提升机工作必须确定合理的提升速度和加速度。如果提升速度和加速度过大，将造成严重的矿井提升事故；如果提升速度和加速度过小，则直接影响提升系统的提升能力，降低生产率。因此，提升机操作工应该在熟练掌握安全运行的前提下，合理地控制矿井提升机的运行速度和加速度。

一、最大提升速度与加速度

提升机操作工对提升机运行的最大速度和加速度的控制，首先要满足安全的要求。《煤矿安全规程》对提升机运行的最大提升速度和加速度做了如下规定：

1. 立井最大提升速度、加速度的要求

（1）立井中用罐笼升降人员时的最大速度，不得超过用式（9－1）所求得的数值，且最大不得超过 12 m/s。

$$v = 0.5\sqrt{H} \tag{9-1}$$

式中　v——最大提升速度，m/s；

H——提升高度，m。

（2）立井中用吊桶升降人员时的最大速度，在使用钢丝绳罐道时，不得超过用式（9－1）所求得数值的 1/2；无罐道时，不得超过 1 m/s。

（3）立井升降物料时，提升容器的最大速度不得超过用式（9－1）所求得的数值。

（4）立井中用吊桶升降物料的最大速度，在使用钢丝绳罐道时，不得超过用式（9－2）所求得数值的 2/3；无罐道时，不得超过 2 m/s。

$$v = 0.6\sqrt{H} \tag{9-2}$$

式中　v——最大提升速度，m/s；

H——提升高度，m。

（5）立井中用罐笼升降人员时的加速度和减速度，都不得超过 0.75 m/s^2。

2. 斜井最大提升速度、加速度的要求

（1）斜井升降人员时，提升容器的最大速度不得超过 5 m/s，并不得超过人车设计的最大允许速度。

（2）斜井用矿车升降物料时，速度不得超过 5 m/s。

（3）斜井用箕斗升降物料时，速度不得超过 7 m/s；当铺设固定道床并采用大于或等于 38 kg/m 钢轨时，速度不得超过 9 m/s。

（4）斜井升降人员时的加速度和减速度，不得超过 0.75 m/s^2。

3. 提升速度的其他要求

（1）提升容器接近井口时的速度，不得大于 2 m/s。

（2）罐笼运送硝化甘油类炸药或电雷管时，升降速度不得超过 2 m/s；运送其他类爆炸材料时，不得超过 4 m/s。

（3）采用吊桶升降各类爆炸材料时，其升降速度不得超过 1 m/s。

（4）检修人员站在罐笼或箕斗顶上工作时，提升容器的速度一般为 0.3～0.5 m/s，最大不得超过 2 m/s。

二、提升系统速度图

提升系统运转时，提升容器做周期性、有规律的上下往返运动，提升速度及提升距离随着时间的变化而变化。这种变化的关系可以用坐标的方法表示出来。用纵坐标表示速度（v），用横坐标表示时间（t）的坐标图，叫做提升系统速度图。

矿井提升系统的不同和设计要求的不同，有不同的提升系统速度图。提升机操作工通过提升系统速度图可以了解提升容器在各运行周期内的运行状况，以便于控制速度和加速度，使之能够经济、安全地运行。

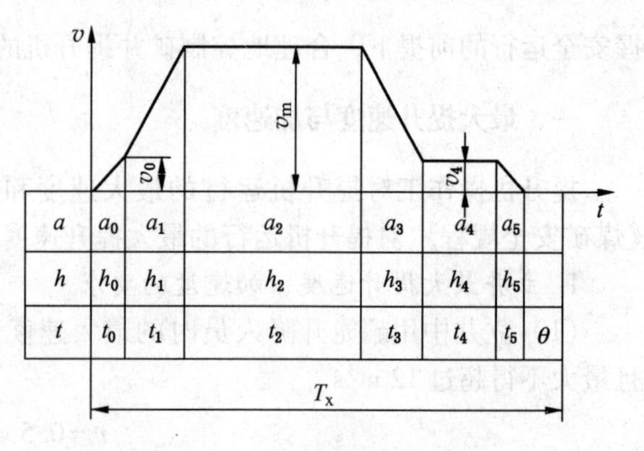

图9-1　立井箕斗提升速度图

1. 立井箕斗提升速度图

立井箕斗提升速度图如图9-1所示。

（1）初加速阶段。提升机由速度为零开始启动，由于井口箕斗还在卸载曲轨上运行，为减少对井架和卸载曲轨的冲击，提升机以较小的加速度 a_0 加速运行，并逐渐将速度升至允许的速度 v_0，即把箕斗离开卸载曲轨前的速度 v_0 控制在1.5 m/s以下。这段运行时间为 t_0，运行的高度为卸载曲轨的高度 h_0。

（2）主加速阶段。此时，井口箕斗已运行出卸载曲轨，提升机以较大的加速度 a_1 进行加速运行，将运行速度由 v_1 逐渐提高到 v_m。这段运行时间为 t_1，运行的高度为 h_1。

（3）等速阶段。当达到允许的最大速度 v_m 以后，提升机以等速方式运行。运行时间为 t_2，运行高度为 h_2，加速度 a_2 为零。

（4）减速阶段。此时，空箕斗已接近装载点，重箕斗已接近井口，提升机以较大的减速度 a_3 进行减速运行，逐渐将速度 v_m 降至速度 v_3。这段运行时间为 t_3，运行的高度为 h_3。

（5）爬行阶段。这段时间重箕斗进入卸载曲轨运行，箕斗以低速 v_4 “爬行”。这段运行的时间为 t_4，运行的高度为 h_4。

（6）停车阶段。这段时间 t_5 很短，约1 s；提升高度 h_5 也很小，可以考虑在爬行高度以内。

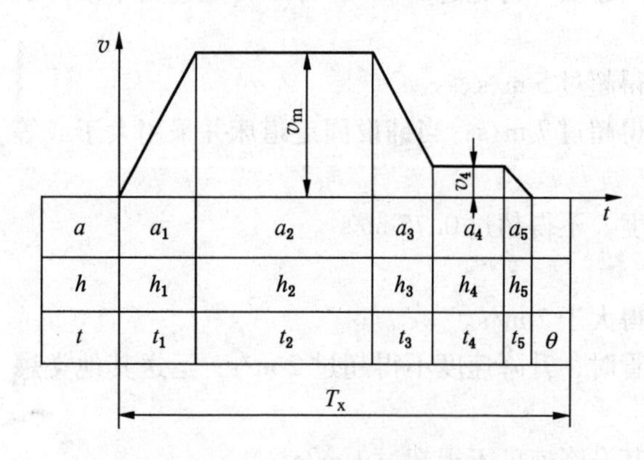

图9-2　立井罐笼提升速度图

2. 立井罐笼提升速度图

立井罐笼提升速度图如图9-2所示。

（1）加速阶段。提升机从速度为零开始启动，罐笼以加速度 a_1 进行加速运动。这段时间为 t_1，运行的高度为 h_1。

（2）等速阶段。罐笼以最大速度 v_m 匀速运行。这段时间为 t_2，运行的高度为 h_2，加速度 a_2 为零。

（3）减速阶段。罐笼以减速度 a_3 进行减速运行。这段时间为 t_3，运行的高度为 h_3。

（4）爬行阶段。为保证罐笼稳定、准确停车，提升机以低速 v_4 “爬行”。这段时间为 t_4，运行的高度为 h_4，爬行加速度 a_4 为零。

（5）停车阶段。这个阶段的时间 t_5 很短，通常仅为1 s；其行程 h_5 也非常小，可以考虑包括在爬行高度内。

提升机通过以上五个阶段，完成了一次提升过程，提升的总高度为 H。除此之外，在停车阶段，提升机停止运行，井口和井底罐笼内进行矿车的装卸。此后，又开始下一个工作循环。

3. 数控提升机提升速度图

数控提升机提升速度图如图 9－3 所示。

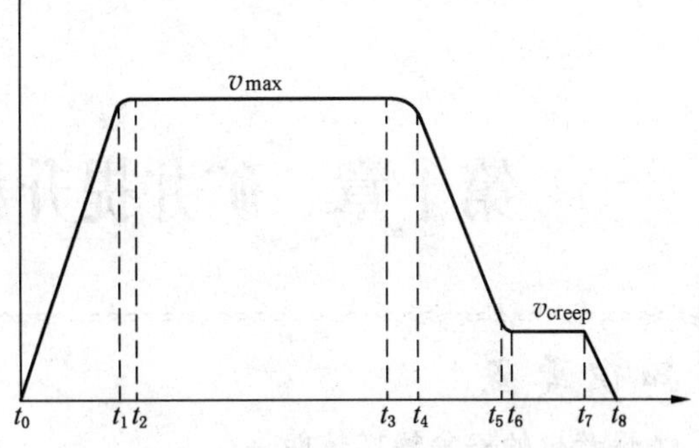

图 9－3　数控提升机立井罐笼提升速度图

以罐笼提升五阶段速度图为例，说明数控提升速度图的特点。

（1）为了使罐笼准确到位停车，速度图采取了五阶段方式。最大运行速度为 v_{max}，加速度为 a，爬行速度为 v_{creep} 以及爬行距离等。

（2）爬行速度是指提升机运行在爬行段的速度。设置爬行段是为了确保提升容器能够准确到位停车。爬行速度的设置是保证提升容器准确到位停车，所以不能设置太高；又不能因爬行速度较低而延长爬行时间，导致过量增加提升循环时间。爬行速度一般设定在 0.3～0.5 m/s 之间。低爬速度一般设定为 0.2 m/s。

（3）爬行距离是指提升机的爬行运行距离。爬行距离的大小一般可根据提升机的实际运行特性和井筒装备的具体情况确定，一般设定在 2～3 m 之间。

（4）加速度变化率的控制就是对加减速度的变化进行平滑处理，将速度图中的角度转化为弧度，使提升机运行更加平稳，减少系统冲击。数控提升机立井罐笼提升速度图与普通立井罐笼提升速度图的区别就在于此。

复习思考题

1. 提升机机房的交接班制度有哪些？
2. 提升机操作工的岗位责任制包括哪些内容？
3. 监护操作工的主要职责有哪些？
4. 巡回检查的重点主要有哪些？
5. 斜井最大提升速度、加速度的要求有哪些？
6. 立井最大提升速度、加速度的要求有哪些？

第十章　矿井提升机安全操作与运行

知识要点

☆ 提升机的安全操作技能
☆ 提升机按速度图操作的实训操作技能
☆ 提升机欠电压保护装置的实训操作技能
☆ 提升机电气系统常见故障的判断实训操作技能
☆ 提升机过卷装置的检查实训操作技能
☆ 提升机安全回路断路的模拟检查实训操作技能
☆ 提升机制动装置的检查、调整实训操作技能

第一节　矿井提升机安全操作

一、矿井提升机的操作方式及减速方式

1. *矿井提升机的操作方式*

矿井提升机的操作方式有手动操作、半自动操作和自动操作3种。

（1）手动操作是操作工直接操纵控制器，实现提升机电动机的换向、转速调节。手动操作多用在斜井。

（2）半自动操作是操作工通过操作手把进行操作。启动阶段的加速过程是由继电器按规定要求自动切除启动电阻进行的，等速阶段由于电动机工作在自然机械特性曲线的稳定运行区域，不需要自动操纵装置，只需要各种保护装置。目前我国的提升机主要采用半自动操作。

（3）自动操作是提升机自动进行，提升机操作工只需观察、操作，确保保护装置的正确性。自动操作多用于提升循环简单、停机位置要求不特别准确的主井箕斗提升系统。

2. *矿井提升机的减速方式*

矿井提升机减速阶段的减速方式有惯性滑行减速、电动机减速和制动减速3种。

（1）惯性滑行减速是提升机在提升重物和提升惯性速度的共同作用下实现提升机减速。惯性滑行减速只适用于正力减速的场合。

（2）电动机减速是把电动机的转子附加电阻逐级接入转子回路实现提升机的正力减速。电动机减速只适用于正力减速的场合。

（3）制动减速是通过提升机电动机产生的制动力实现减速。制动减速适用于负力或

正力减速的场合。常用的方法有发电制动、低频发电制动和动力制动。

二、缠绕式提升机的操作

1. 启动前的检查

(1) 检查各结合部位螺栓是否松动，销轴有无松动。

(2) 检查各润滑部位润滑油油质是否合格，油量是否充足，有无漏油现象。

(3) 检查制动系统工作闸和安全闸是否灵活可靠，间隙、行程及闸瓦磨损和接触面积是否符合要求。

(4) 检查各种安全保护装置动作是否准确、可靠。

(5) 检查各种仪表和灯光、声响信号是否清晰可靠。

(6) 检查主电动机的温度是否符合规定。

2. 启动前的准备

(1) 合上高压隔离开关、断路器，给换向器送电。

(2) 合上辅助控制盘上的开关，给低压用电系统供电。

(3) 采用动力制动时，给可控硅整流器送电。

(4) 启动润滑油泵。

(5) 启动制动油泵。

3. 启动阶段的操作

(1) 听清楚提升信号和确认开车方向后，将安全闸操纵手把移至松闸位置。

(2) 将工作闸操纵手把移至一级制动位置。

(3) 按照信号要求的提升方向，将主令控制器推（扳）至第一位置。

(4) 缓缓松开工作闸启动，依次推（拉）主令控制器（半自动操纵的提升机下移到极限位置），使提升机加速到最大速度。

4. 提升机减速、停机阶段的操作

(1) 当听到减速警铃后，提升机操作工应根据不同的减速方式进行相应的操作。若采用惯性滑行减速的操作方法，操作工应将主令控制器手把由相应的终端位置推（拉）至中间“0”位。提升机在惯性和提升物重力的作用下自由滑行减速。若提升载荷较大，提升机的运行速度低于0.5 m/s，提升速度无法到达正常停车位置时，需两次给电；若提升容器将要到达停车位置时，提升机的运行速度仍较大时，需用工作闸制动减速。

若采用电动机减速的方法，操作工应将主令控制器手把由相应的终端位置逐渐推（拉）至中间“0”位，并密切注意提升机的速度变化，根据提升机的运行速度来确定主令控制器手把的推（拉）速度。

若采用低频发电制动减速，操作工开车前应选择低频发电制动减速方式。提升容器到达减速点时，低频发电制动减速系统将自动投入，提升电动机的50 Hz工频电源由2.5～5 Hz的三相低频电源所替换，实现提升电动机的低频发电制动。提升机操作工应随提升机运行速度的降低，用主令控制器逐段切除电动机转子回路的外接启动电阻，达到调节制动电流获得较好的制动效果的目的。

若采用动力制动减速，可人工操作，也可自动投入。自动投入是操作工在开车前将正力减速和动力制动减速开关置于动力制动减速“2HK 左转45”，提升容器到达减速点时，将自动实现拖动电动机交流电源和直流电源的切换；人工操作则是提升机操作工利用脚踏动力制动踏板实现减速，提升机操作工应根据提升机的运行速度来控制脚踏轻重，从而调整电动机转子回路的外接启动电阻值，调整制动电流的大小以获得合理的减速度。

若采用机械制动减速，当提升机到达减速点时，提升机操作工应及时将主令控制器手把由相应的终端位置推（拉）至中间“0”位，然后提升机操作工操作工作闸手把进行机械制动减速，使提升速度降至爬行速度。

（2）根据终点停车信号，及时正确地用工作闸闸住提升机。停机后电动机操作手把应在中间位置，制动手把在全制动位置。

三、落地摩擦式提升机正常操作程序[以 JKMD4 ×4(Z)为例]

1. 开车前的送电操作

（1）合上 1 号、2 号高压电源开关。

（2）动力变压器高压开关柜合闸。

（3）励磁变压器高压开关柜及 1 号、2 号整流变压器开关柜合闸。

（4）合上 1 号、2 号低压电源柜刀闸总开关及相应的空气断路器。

（5）送上调节保护柜、励磁柜、整流柜低压电源。

（6）启动各部位冷却风机。

2. 手动方式

（1）启动必要的设备。

（2）提升种类开关至复位位置。

（3）按故障复位和安全回路复位按钮。

（4）操作台此时无故障显示，启动液压站。

（5）选择提升种类，将运行方式打在手动位置。

（6）此时操作台显示“运行准备好”“驱动”。

（7）按手动确定按钮，此时“驱动”不闪烁。

（8）根据信号指令进行开车。

（9）正常位自动停车，下层罐笼轨道提平。

（10）中途出现自动停车时，可重新手动开车。

3. 半自动方式

（1）选择提升种类之前的步骤同“手动方式”。

（2）把运行方式打在半自动位置。

（3）操纵台显示“运行准备好”“驱动”。

（4）接到开车信号后，按下半自动按钮，提升机即可自动运行。

（5）本方式具有停车点自动停车功能，但中途停车后必须改为手动方式且使 v_{max} = 3 m/s。经此转换后，提升机已不具有停车点自动停车功能，因此到达停车位置时，操作工必须集中精力手动操作。

4. 应急方式

该方式是 PLC 故障使用的一种临时手动操作方式，具有停车点自动停车功能，最大速度为 v_{max} =3 m/s，正常情况下不宜使用。

（1）操作时先合上必要的电源，合电源时应按“动力”“高压”“低压”的顺序进行合闸。

（2）启动必要的设备。

（3）将运行开关打在复位按钮上。

（4）按故障复位按钮。

（5）按安全回路复位开关。

（6）操作台此时无故障显示。

（7）启动液压站。

（8）将运行方式打在手动位置。

（9）根据信号指令进行开车。

5. 注意事项

（1）开车时制动手把应直接推到底，然后操作“主令”手把，严禁制动手把在紧闸和半松闸状态下开车。

（2）提升机操作工要精心操作，时刻观察各提升指示是否正常。

（3）正常运行状态下，应用手动方式和半自动方式。

（4）“PLC”故障时可用应急方式。

（5）只有在检修或其他方式无法运行时方可用“检修”方式。

（6）每次交接班前应进行过卷试验。

（7）CPI 等电插座不允许带电插拔，系统地址严禁私自变动。

（8）PLC 电源模板电池一年更换一次。

（9）故障显示后应先查明原因再进行复位。

（10）提升机操作工不得乱动除正常操作外的其他部件。

（11）操作方式造成反开关，必须在开车完毕后选择。

（12）监护操作工要对设备各部件定时进行巡回检查。

（13）操作台仪表指示正常全速运转时，提升机操作工如发现电流超过额定电流时，应及时降低速度和采取停车措施。

（14）任何故障情况下，严禁在没有分断励磁整流柜电源的情况下分断调节低压电源，以防击穿励磁柜和晶闸管柜。

第二节　提升机操作工作业标准

一、班前准备

执行《通用标准》的有关要求。

二、接班

1. 进入接班地点

按时进入规定的接班地点进行接班。

2. 询问工作状况及查看记录

（1）详细询问上班的工作情况、设备运行情况，事故、隐患处理情况及遗留问题。

（2）查看有关记录。

3. 现场检查及试运转

（1）在交班操作工陪同下，对电动机、减速器、联轴器、卷筒、深度指示器、操作台及各支撑、轴承等进行检查。

（2）对高低压开关柜、高压换向器、变流柜、励磁柜、电气制动屏、变压器、计算机柜等电气设备进行检查。

（3）对制动装置、执行机构、传动机构、贮压设施、油泵以及管路、阀门进行检查。

（4）对润精系统管路、油量、阀门、温度、压力进行检查。

（5）对各仪表指示、停车信号、所有仪表灯光声响信号进行检查和校对。

（6）对室内环境卫生、安全设施进行检查。

（7）对过卷、松绳、过速、过负荷和欠压、限速、方向闭锁、闸瓦间隙保护、深度指示器失效保护、减速功能保护及其他保护装置进行检查。

（8）对各电机碳刷滑环、转子、继电器、接触器进行检查。

（9）对栅栏门闭锁保护装置检查。

（10）对工具、记录进行检查。

4. 问题的处理

对以上检查项目中的问题进行处理。

5. 履行手续

以上均符合规定时进行移交，双方签字。

三、作业

1. JK 系列提升机配套 TKD－PLC 系列电控

1）启动前的准备

（1）将制动手把置于抱闸位置，主令操作手把置于“0”位。

（2）送上高压开关柜的隔离开关，再送上油开关。

（3）合上低压电源刀闸 IK。

（4）合上低频电源开关 2ZK。

（5）将 1HK 开关打至“运转”位置。

（6）将 2HK 开关打至“负力”位置。

（7）将 3HK 开关打至“中间”位置。

（8）按下制动油泵按钮为正常开车好准备。

2）启动

（1）收到可靠的开车信号后，操作工可根据深度指示器辨别开车方向，并按下操作工台上的方向选择按钮。

（2）将制动手柄推到全松闸位置，润滑油泵启动，将主令操作手把推到前端或拉向后端，则绞车按设定特性启动运行。

3）运行

（1）在运行中，要精力集中注意观察操纵台各仪表指示深度指示器及卷筒，倾听各部声音是否正常。

（2）监护操作工注意观察运行情况和操作工的工作情况，遇到紧急情况，及时提醒操作工进行减速、施闸、停车。

（3）井口、井筒有检修工作业时，必须执行一人操作，一人监护制度。

4）减速

提升终了听见第一声警铃时，应根据实际情况分别采取下列方式减速：

（1）自由滑行减速。将主令操作手把拉（或推）至断主电机电源并施闸配台减速，同时适当地操纵制动手把，使电机平稳减速。

（2）正力减速。将主令操作手把慢慢拉（或推）至断电位置，使电动机通过增加电阻减速，同时适当地操纵制动手把，使电动机平稳减速。

（3）低频制动减速。过减速点后，低频自动投入，绞车减速运行。接近井口门位置时，绞车低频爬行。

5）停车

当深度指示器指示终端位置及卷筒标记到位时，立即将主令操作手把置于“0”位，同时将制动手把拉到抱闸位置。

6）调绳操作

（1）将提升容器提至正常停车位置。

（2）检修人员将调绳工作准备完毕后，操作工把1HK开关打至调绳位置。AK4打在合位置，制动手把松开，使调绳离合器分离，闭锁装置将活卷筒锁住。

（3）操纵主令操作手把，调绳至所需位置。

（4）将AK5打在合位置，AK4不动，使调绳离合器复位。

（5）将AK4、AK5复位，解除活卷筒闭锁，把1HK开关打至运转位置，恢复正常提升。

7）特殊问题处理

（1）工作制动。在运行中出现下列情况之一时，应用工作制动停车：电流过大、加速太慢、启动不起来；压力表指示压力不足；发生异常异味；钢丝绳在卷筒上排列出现异常；出现不明信号；速度超过规定，面限速、过速保护又未起作用。

（2）安全制动。在运行中出现下列情况时应立即断电，用安全制动停车：出现紧急停车信号；主要部件出现异常；接近井口门位置尚未减速；其他严重事故故障。

（3）事故停车后的处理。事故停车后，要立即向队和主管部门汇报，并切断控制电源，挂上标志牌，做好事故处理的准备工作。

2. GM系列提升机配KKX系列电控

1）启动前的准备

（1）听从班组长安排，接受工作任务。

（2）电动机主令操作手把在零位，制动手把处于抱闸状态。

（3）合上高压隔离开关、油开关，再抬低压总电源开关，合上空气开关，将转换开关打至所需位置，启动制动油泵。

（4）按下启动润滑油泵按钮。

（5）按下启动按钮，合上发电机组的电动机和动力制动屏电源。

(6) 按下启动按钮，安全接触器通电吸合。

2) 启动

(1) 接到井口发来的开机信号后，根据深度指示器辨别开车方向。

(2) 将制动闸操纵手把逐渐推至松闸位置，同时将主电动机操纵手把由中间位置移至所需位置，并逐渐移至极限位置。

3) 运行

(1) 在加速运行中．应观察操纵台各仪表指示，倾听各部声音是否正常。

(2) 全速运行中，应密切注视深度指示器动作情况以及绞车有无异常。

4) 减速

绞车运行至减速点，根据负载情况可采取以下几种方式减速：

(1) 自由滑行减速。减速阶段不需拖动力，将电动机操纵手把拉至“0”位，实现自由减速，制动手把在松闸位置。

(2) 正力减速。减速需拖动力，约为额定力的35%。将电动机操纵手把逐渐收回，使各段电阻重新接入转子电路，电动机逐渐减速，制动手把在全松闸位置。

(3) 低频制动减速。减速不需拖动力而且拖动力为负力时，需采取制动减速。将制动手把逐渐抱闸或用动力制动减速。

(4) 减速爬行。当减速阶段结束进入爬行阶段后，将电动机操纵手把拉至第二预备位置，以便实现脉动爬行。

5) 停车

(1) 当收到停车信号后，将制动手把扳至抱闸位置，电动机操纵手把扳至“0”位，为下次开车做好准备。

(2) 停车时间较长需离开操作工操纵台或当班结束时，应切断控制电源。

6) 调绳操作

(1) 将提升容器放在井上、下正常提升位置，停车并切断控制电源。

(2) 检修调绳人员将活卷筒锁住并转动调绳手轮，使蜗轮离合器脱离啮合。操作工在调绳负责人指挥下，慢慢松开制动闸，将电动机操纵手把移至所需位置，使死卷筒旋转，活卷筒固定；当调绳至所需位置后，听从调绳负责人指挥及时停车，并切断控制电源。

(3) 检修调绳人员将蜗轮离合器合上并将活卷筒解锁，调绳完毕。

7) 特殊问题

(1) 工作制动。运行中出现下列情况时，用工作闸停车：电流过大；加速太慢；绞车有异响；出现不明信号；其他需要停车的故障。

(2) 安全制动。运行中出现下列情况时，用安全闸停车：主要部件失灵；运行中出现不明信号；接近井口位置未减速。

(3) 事故停车后的处理。事故停车后，要立即向队值班和主管部门人员汇报，做好记录，并切断控制电源，挂上禁止动车牌。

(4) 提升大型材料。下放大型材料时，操作工慢慢松开制动手柄，踩下动力制动开关。当需要增加制动力矩时，用脚继续踩下踏板，并保持稳定速度。

(5) 井筒检修及验绳。井筒检修和验绳时，松开制动手柄，将电动机操纵手把移至第二预备位置，提升速度一般为0.3～0.5 m/s；当出现负力时，略施闸控制速度或用脚踏动力制动下放。

（6）超长、超重物件提升。用于提升超长、超重物件时，必须和现场负责人根据物体的具体情况协商提升速度和停车信号。但最大不超过2 m/s，并将过卷、限速装置拆除。

四、交班

1. 交班前的准备检查

（1）交班前要进行一次卫生清扫，对机械各部位进行清理擦拭，做到无油污和灰尘。

（2）对设备按巡检路线及内容进行自检。

（3）准备好当班工作情况、事故隐患处理情况以及下班时注意事项和工作要求。

（4）将工具、配件、材料清点清楚，并放置整齐。

（5）将当班的有关记录整理清楚。

2. 向接班人汇报

向接班人汇报本班工作情况。

3. 接受接班人现场检查

协助接班人现场检查。

4. 问题处理

（1）发现问题立即协同处理。

（2）对遗留问题，落实责任向上汇报。

5. 履行交接手续

履行交接手续。

6. 下班

（1）执行《通用标准》。

（2）升井后汇报，并填写记录。

第三节　矿井提升机操作实训

一、根据提升速度图进行提升操作实训

1. 实训目的

通过提升速度图可分析出初加速、主加速、等速、主减速、爬行及停车各阶段的运行时间，提升容器在井筒中上、下往返周期性运行的变化规律，了解提升系统的内在联系，以确定合理的运行参数，达到经济合理运行的目的。

2. 实训内容和要求

（1）立井中用罐笼升降人员时，根据提升速度图进行提升操作，加速度和减速度都不得超过0.75 m/s^2。

（2）立井中用罐笼升降人员时，根据提升高度求得最大提升速度，最大不得超过12 m/s。

（3）立井中用吊桶升降人员，在使用钢丝绳罐道时，根据提升高度求得最大提升速度；无罐道时，不得超过1 m/s。

（4）立井升降物料时，根据提升高度求得提升容器的最大速度。

（5）立井中用吊桶升降物料，在使用钢丝绳罐道时，根据提升高度求得最大提升速度；无罐道时，不得超过2 m/s。

（6）斜井升降人员的加速度和减速度，不得超过0.5 m/s^2。

（7）斜井升降人员或用矿车升降物料时，速度不得超5 m/s。

（8）斜井箕斗的提升速度不得超过7 m/s。

3. 实训方法

根据提升速度图，按提升人员和提升物料两种情况，分别在立井或斜井进行提升操作实训。

二、欠电压保护装置的实训

1. 实训目的

通过实训了解欠电压保护的过程，清楚欠电压保护的内容，掌握欠电压保护的原理。

2. 实训内容与方法

（1）踏动紧急停车脚踏开关JTK－1，使电压互感器副边断路，失压脱扣机构动作，高压油开关跳闸，安全回路断路。

（2）模拟打开高压换向室的进门开关LSK，失压脱扣线圈失电，其机构动作，通过高压油开关断开安全回路。

（3）通过调压器降低电压互感器回路的输入电压，至失压线圈SYQ释放值，并通过脱扣机构使高压油开关跳闸，断开安全回路。

三、提升电气系统常见故障的判断实训

1. 实训目的

通过对提升机电气系统常见故障的分析，了解常见电气故障的形式及种类，清楚各种常见电气故障的表现形式，掌握其判断方法，提高分析问题的能力。

2. 实训内容与方法

（1）安全回路不形成通路的故障分析。设置一断路点，有步骤地引导学员进行分析。

（2）将延时回路中7JC（或8JC）的动断触点断开，引导学员分析送电后延时继电器1SJ～8SJ不吸合的原因。

（3）将正、反向接触器回路中1SJ的动合触点用绝缘物隔开，引导学员分析主令控制器手把打到启动位置后，换向器ZC（或FC）不吸合的原因。会用万用表查找故障点。

（4）用绝缘物隔开ZC（或FC）的动合触点，引导学员分析主令控制器手把打到启动位置后，线路接触器XLC不吸合的原因。

（5）将继电器J_1（或J_3）的触点断开，引导学员分析信号接触器XC不吸合的原因。

（6）人为断开KT线圈的引线，引导学员分析可调闸不能松闸的原因。

（7）结合各生产矿井所用提升设备的具体情况，自拟电气故障分析题。

四、过卷装置的检查实训

1. 实训目的

了解实训的目的、实训的过程和原理，通过实训能够掌握防过卷装置日常检查和实训的方法。

2. 实训内容与方法

（1）实训内容：检查防过卷装置的可靠性。

（2）实训方法：触动深度指示器上的过卷开关 JXK_{1A}（或 JXK_{2A}），观察安全接触器是否掉电。

五、安全回路断路的模拟检查实训

1. 实训目的

通过实训了解安全回路上各保护触点的作用，弄清各触点的保护原理，会用万用表检查触点两端的电压值。

2. 实训内容与要求

（1）主令控制器手把不在零位时，LK－1 断开，AC 回路不成通路。

（2）工作制动手把不在紧闸位置时，DZK－1 断开，AC 回路不成通路。

（3）高压油开关 GYD 未合上，其动合触点断开，AC 回路不成通路。

（4）工作制动器手把推向松闸位置，调节液压站溢流阀手柄，使液压站油压产压至超压保护动作值，压力继电器动作，1YLJ 闭合，继电器 J_2 回路通路，J_2 通电吸合，其动断触点断开 AC 回路。

（5）踏动紧急停车脚踏开关 LSK，使电压互感器副边断路，失压脱扣线圈 SYQ 失电，通过脱扣机构使高压油断路器跳闸，AC 断路。

（6）触动深度指示器上过卷开关 JXK_{1A}（或 JXK_{2A}），模拟过卷，断开 AC 回路。

（7）触动闸瓦磨损开关 JXK_3（或 JXK_4），使 AC 断路。

（8）断开自动开关 1ZK，使铁磁稳压器 WY 断开电源，深度指示器断线保护继电器 SL 断电，其动合触点断开，失流继电器 SLJ 断电，SLJ 的动合触点断开 AC 回路。

六、制动装置的检查、调整实训

1. 实训目的

了解制动装置检查和调整的内容，熟悉调整、检查闸瓦间隙的方法与要求，掌握液压站最大工作油压的调整，以及十字弹簧与控制杆的固定关系。

2. 实训内容与要求

（1）盘式制动器闸瓦间隙的调整。要求将液压站的工作油压值分三次注入，以防柱塞咬坏密封圈。

（2）溢流阀定压弹簧的整定值。要求将液压站的超压保护值一并调定。

（3）电液调压装置中十字弹簧与控制杆之间的相对位置关系的调整。

【案例】

事故经过：

1984年9月3日，某矿斜井提升机在开车时，提升机操作工精力不集中，过卷开关又失灵，矿车冲到天轮前才停车，把挡车角铁冲落到天轮架上，砸在正在搞测量的一名技术员的头上，使其当场死亡。

直接原因：

提升机过卷开关失灵，提升机操作工精力不集中，将矿车拉到天轮前才停车，把挡车角铁冲落。

间接原因：

(1) 安全教育培训工作不到位，提升机操作工责任心不强，上岗精力不集中。

(2) 没有认真执行提升机检查、维护和试验制度，保护装置失灵没有及时发现和处理。

(3) 安全生产责任制不落实，管理混乱。

预防措施：

(1) 加强安全教育培训工作，提高员工安全意识，提升机操作工上岗必须精力集中工作。

(2) 提升机操作工在开车前必须做好保护装置的检查和试验工作，确保其动作灵敏可靠。

(3) 加强管理，定期测试、检查、调整保护装置。

复习思考题

1. 提升机的操作方式有哪些？
2. 缠绕式提升机运行前的检查重点是什么？
3. 缠绕式提升机检查完毕无误以后，启动前的准备工作有哪些？
4. 正常终点停车时，操作工应注意的要点有哪些？
5. 提升机操作工在异常情况下的操作要求有哪些？

第十一章　矿井提升机的维护、检修与事故预防

知识要点

☆ 提升机日检、周检、月检的内容
☆ 提升机年度检查与试验的项目
☆ 主提升机操作工自检自修的具体内容
☆ 提升机操作工在检修和调整中应注意的事项
☆ 提升机机械故障的原因及处理方法
☆ 提升机电气故障的原因及处理方法

第一节　矿井提升机的维护与检修

矿井提升机设备的维护与检修是保证提升机持续、稳定、安全运转的重要措施之一，因此必须做好设备的预防性计划维护和检修，及时发现和消除事故隐患，确保矿井提升机的安全运行。矿井提升机操作工在搞好设备的日常维护和保养以外，还应参与矿井提升机必要的计划性维护和检修工作。

一、提升机设备的定期检查

提升机设备的定期检查工作分为日检、周检和月检。检查内容均应记入检查记录簿内，并应由检查负责人签字。

1. 日检的基本内容

(1) 用检查手锤检查各部分的连接零件，查看螺栓、铆钉、销轴等是否松动。

(2) 观察减速器齿轮的啮合情况。

(3) 检查润滑系统的供油情况，查看油泵运转是否正常，输油管路有无阻塞和漏油等。

(4) 检查制动系统的工作状况，查看闸轮（闸盘）、闸瓦、传动机构、液压站、制动闸等是否正常，间隙是否合适。

(5) 检查深度指示器的丝杠螺母松动情况，查看保护装置和仪表等动作是否正常。

(6) 检查各转动部分的稳定性，查看轴承是否振动，各部机座和基础螺栓（螺钉）是否松动。

(7) 试验过卷保护装置，试验各种信号。

(8) 手试一次松绳信号装置。

(9) 检查钢丝绳在滚筒上的排列情况。

2. 周检的基本内容

周检的内容除包括日检的内容外，还要进行下列各项工作：

(1) 检查制动系统（盘式闸及块闸），尤其是液压站和制动器的动作情况，调整闸瓦间隙，紧固连接机构。

(2) 检查各种安全保护装置，如过卷、过速、限速等装置的动作情况。

(3) 检查滚筒的铆钉是否松动，焊缝是否开裂；检查钢丝绳在滚筒上的排列情况及绳头固定得是否牢固可靠。

(4) 摩擦式提升机要检查主导轮的压块坚固情况及导向轮的螺栓和衬垫等。

(5) 检查并清洗防坠器的抓捕器，必要时予以调整和注油；检查制动钢丝绳及其缓冲装置的连接情况。

(6) 修理并调整井口装载设备的易损零件，必要时进行局部更换。

(7) 按《煤矿安全规程》要求检查平衡钢丝绳的工作状况。

3. 月检的基本内容

月检的基本内容除包括周检的内容外，还需进行下列各项工作：

(1) 打开减速器观察孔盖和检查门，详细检查齿轮的啮合情况，两半齿轮用检查锤检查对口螺栓的紧固情况；还应检查轮辐是否发生裂纹等。

(2) 详细检查和调整保险制动系统及安全保护装置，必要时要清洗液压零件及管路。

(3) 拆开联轴器，检查其工作状况，如间隙、端面倾斜、径向位移、连接螺栓、弹簧及内外齿等是否有断裂、松动及磨损等。

(4) 检查部分轴瓦间隙。

(5) 检查和更换各部分的润滑油，清洗部分润滑系统中的部件，如油泵、滤油器及管路等。

(6) 清理防坠器系统和注油，调整间隙。

(7) 检查井筒装备，如罐遣、罐道梁和防坠器用制动钢丝绳、缓冲钢丝绳等。

(8) 试验安全保护装置和制动系统的动作情况。

二、提升机设备的计划维修

矿井提升机的维修工作分为小修、中修和大修。按计划进行维修是使设备保持完好状态，恢复原有性能，延长使用寿命，防止事故发生，保证设备正常持续安全运行的重要措施。

矿井提升机的小修、中修和大修的具体内容，根据《煤矿安全规程》的规定进行编制。内容和要求应包括维修项目、具体内容、质量要求、时间进度、安全措施、所需零件、材料及检修工具、检修人员、施工验收负责人。

三、矿井提升机的年度检查与试验

《煤矿安全规程》第四百二十九条规定：新安装的矿井提升机，必须验收合格后方可投入运行。专门升降人员及混合提升的系统应当每年进行 1 次性能检测，其他提升系统每 3 年进行 1 次性能检测，检测合格后方可继续使用。

检查验收和测试的内容应包括以下项目：

（1）保险装置：防止过卷装置、防止过速装置、过负荷和欠电压保护装置、限速装置、深度指示器失效保护装置、闸间隙保护装置、松绳保护装置、满仓保护装置和减速功能保护装置。

（2）天轮的垂直和水平程度、有无轮缘变位和轮辐弯曲现象。

（3）电气、机械传动装置和控制系统的情况。

（4）各种调整和自动记录装置以及深度指示器的动作状况和精密程度。

（5）检查常用闸和保险闸的各部间隙及连接、固定情况，并验算其制动力矩和防滑条件。

（6）测试保险闸空动时间和制动减速度。对于摩擦轮式绞车，要检验在制动过程中钢丝绳是否打滑。

（7）测试盘形闸的贴闸压力。

（8）井架的变形、损坏、锈蚀和振动情况。

（9）井筒罐道的垂直度及其固定情况。

检查和测试结果必须写成报告书，针对发现的缺陷，必须提出改进措施，并限期解决。

此外，检查罐座、摇台和装、卸载设备的使用情况。对立井罐笼防坠器每年要进行1次脱钩试验；对使用中的斜井人车防坠器，应每年进行1次重载全速脱钩试验。

四、主提升机操作工自检自修的具体内容

（1）各部螺栓或销轴如松动或损坏，应及时拧紧或更换。

（2）各润滑部位、传动装置和轴承必须保持良好的润滑，禁止使用不合格的油(脂)。

（3）制动闸瓦磨损达规定值时，应及时更换。制动闸瓦和闸轮或闸盘如有油污，应擦拭干净。

（4）深度指示器如果指示位置不准时，应及时与把钩工联系，重新进行调整。

（5）弹性联轴器的销子和胶圈磨损超限时，应及时进行更换。

（6）过卷、松绳和闸瓦磨损等安全保护装置如果动作不准确或不起作用时，必须立即进行调整或处理。

（7）灯光声响信号失灵或不起作用时，如果是灯泡损坏或位置不准确时，应由操作工负责更换或调整，如果是电气故障，则应联系处理。

（8）经常保持室内环境整洁干净。

五、主提升机操作工在检修和调整中应注意的事项

（1）提升机的一切拆修和调整工作，均不得在运转中进行，也不得擦拭各转动部位。

（2）在检修人员重新校对与调整机件前（如深度指示器，过速、限速保护装置，制动闸机构以及各指示仪表等)，提升机操作工应主动了解校对与调整的原因、目的；校对与调整后应了解其结果。

（3）提升机经过大修后，必须由主管负责人、检修负责人会同提升机操作工进行下

列验收工作，全部无误后方能正式运转：①对各部件进行外表检查；②根据检修的内容做相应的测定和试验（如检修了提升机的制动闸，就要测定空行程时间，保险制动时的减速度值）；③空负荷和满负荷试运转各不少于5次。

（4）提升机进行下列工作后，必须经过额定负荷提升试验方能正式运转：①更换新绳后，必须经过8次以上的试验；②更换提升容器、连接装置后，必须经过5次以上的试验；③剁绳头后，必须经过3次以上的试验；④吞绳根后，必须经过3次以上的试验。

（5）提升机进行下列工作后，必须经过空负荷提升试验方能正式运转：①更换罐耳，必须经过2次以上的试验；②更换和检修罐道及罐道梁，必须经过3次以上的试验；③提升机周检以后，必须经过1次以上的试验；④更换闸瓦和制动系统小修，必须经过2次以上的试验。

（6）提升机停止工作2 h以上必须经过提升空罐1次后方能升降人员。

第二节　矿井提升机机械故障原因及处理方法

主提升机操作工应对提升机机械部分容易发生故障的部位有所了解，以便于重点巡查，加强维护和事故预防，及时发现和分析故障，有针对性地进行故障处理。

一、主轴装置机械故障的原因及处理方法

主轴装置机械故障的原因及处理方法见表11－1。

表11－1　主轴装置机械故障的原因及处理方法

故障现象	主要原因	处理及预防方法
主轴折断或弯曲	（1）各支撑轴的同心度和水平偏差过大，使轴局部受力过大，反复疲劳折断 （2）多次受重负荷冲击 （3）加工质量不符合要求 （4）材料不佳或疲劳 （5）放置时间过久，由于自重作用而产生弯曲变形	（1）调整同心度和水平度 （2）防止受重负荷冲击 （3）保证加工质量 （4）改进材质，调直或更换合乎要求的材质 （5）经常进行转动调位，勿使一面受力过久
卷筒产生异响	（1）连接件松动或断裂产生相对位移和振动 （2）滚筒筒壳产生裂纹 （3）焊接滚筒出现开焊 （4）卷筒壳强度不够、变形 （5）游动滚筒衬套与主轴间隙过大 （6）蜗轮离合器有松动 （7）切向键松动	（1）进行紧固或更换 （2）进行补焊处理 （3）进行补焊处理 （4）用弛钢作为支撑筋进行强度增补 （5）更换衬套，适当加油 （6）调整、紧固蜗轮离合器连接件 （7）背紧键或更换键
滚筒壳发生裂缝	（1）局部受力过大，连接件松动或断裂 （2）设计计算误差太大，滚筒壳钢板太薄 （3）木衬磨损或断裂	（1）在筒壳内部加立筋或支环，拧紧螺栓 （2）按精确计算的结果更换滚筒壳 （3）更换木衬

表11-1（续）

故障现象	主要原因	处理及预防方法
滚筒轮毂或内支轮松动	（1）连接螺栓松动或断裂 （2）加工和装配质量不合要求	（1）紧固或更换连接螺栓 （2）检修和重新装配
轴承发热、烧坏	（1）缺润滑油或油路阻塞 （2）油质不良 （3）间隙小或瓦口垫磨轴 （4）与轴颈接触面积不够 （5）油环卡塞 （6）润滑油压力过低、油量不足	（1）补充润滑油量、疏通油路 （2）清洗过滤器或换油 （3）调整间隙及瓦口垫 （4）刮瓦研磨 （5）维修油环 （6）调整油压

二、调绳离合器机械故障的原因及处理方法

调绳离合器机械故障的原因及处理方法见表11-2。

表11-2 调绳离合器机械故障的原因及处理方法

故障现象	主要原因	处理及预防方法
离合器发热	离合器沟槽口被脏物或金属碎屑污染	用煤油清洗、擦拭，加强润滑
离合器油缸（气缸）内有敲击声	（1）活塞安装不正确 （2）活塞与缸盖的间隙太小	（1）进行检查，重新安装 （2）调整间隙，使之不小于2~3 mm

三、减速器机械故障的原因及处理方法

减速器机械故障的原因及处理方法见表11-3。

表11-3 减速器机械故障的原因及处理方法

故障现象	主要原因	处理及预防方法
减速器声音不正常或振动过大	（1）齿轮装配啮合间隙不合适 （2）齿轮加工精度不够或齿形不对 （3）轴向窜量过大 （4）各轴水平度及平行度偏差太大 （5）轴瓦间隙过大 （6）齿轮磨损过大 （7）键松动 （8）地脚螺栓松动 （9）润滑不良	（1）调整齿轮间隙 （2）对相应齿轮进行修理或更换 （3）调整窜量 （4）调整各轴的水平度和平行度 （5）调整轴瓦间隙或更换轴瓦 （6）修理或更换相应齿轮 （7）背紧键或更换键 （8）紧固地脚螺栓 （9）加强润滑
齿轮严重磨损，齿面出现点蚀现象	（1）装配不当、啮合不好、齿面接触不良 （2）加工精度不符合要求 （3）负荷过大 （4）材质不佳，齿面硬度差偏小，跑合性和抗疲劳性能差 （5）润滑不良或润滑油选择不当	（1）调整装配 （2）进行修理 （3）调整负荷 （4）更换或改进材质 （5）加强润滑或更换高黏度润滑油，保持润滑油的清洁，控制油温不超过65 ℃

表11-3（续）

故障现象	主要原因	处理及预防方法
齿轮打牙断齿	（1）齿间掉入金属物体 （2）重载荷突然或反复冲击 （3）材质不佳或疲劳	（1）清除异物 （2）采取措施，杜绝反常的重载荷和冲击载荷 （3）改进材质，更换齿轮
传动轴弯曲或折断	（1）齿间掉入金属异物，轴受弯曲产生的弯曲应力过大 （2）断齿进入另一齿轮齿间隙，使两齿轮齿顶相互顶撞 （3）材质不佳或疲劳 （4）加工质量不符合要求，产生大的应力集中	（1）检查取出异物，并杜绝异物掉入 （2）经常检查，发现断齿或出现异响即停机处理 （3）改进或更换材质 （4）改进加工方法，保证加工质量
减速器漏油	（1）减速器上下壳之间的对口微观不平度较大，接触不严密有间隙，或对口螺栓少或直径小 （2）轴承的减速器体内回油沟不通，有堵塞现象，造成减速器轴端漏油 （3）供油指示器漏油 （4）轴承螺栓孔漏油	（1）在凹形槽内加装耐油橡胶绳和石棉绳，在对口平面处用石棉粉和酚醛清洁混合涂料加以涂抹；或者对口采用耐油橡胶垫，石棉绳掺肥皂膏封堵；对口螺栓直径加粗或螺栓加密 （2）疏通回油沟，在端盖的密封槽内加装“Y”形弹簧胶圈和“O”形胶圈 （3）更换供油指示器；适当调节供油量，管和接头配合要严密，用石棉绳涂铅油拧紧 （4）在轴承对口靠瓦口部分垫以耐油橡胶圈或肥皂片；在螺栓孔内垫以胶圈，拧紧对口螺栓形弹簧胶圈或“O”形胶圈

四、联轴器机械故障的原因及处理方法

联轴器机械故障的原因及处理方法见表11-4。

表11-4　联轴器机械故障的原因及处理方法

故障现象	主要原因	处理及预防方法
齿轮联轴器连接栓切断	（1）同心度及水平度偏差超限 （2）螺栓材质较差 （3）螺栓直径较细，强度不够	（1）调整找正 （2）更换 （3）更换
齿轮联轴器齿轮磨损严重或折断	（1）油量不足，润滑不好 （2）同心度及水平度偏差超限 （3）齿轮间隙超限	（1）定期加润滑剂，防止漏油 （2）调整找正 （3）调整间隙
蛇形弹簧联轴器的蛇形弹簧或螺栓折断	（1）端面间隙大 （2）两轴倾斜度误差太大 （3）润滑脂不足 （4）弹簧和螺栓材质差	（1）调整间隙 （2）调整倾斜度 （3）补充润滑脂 （4）更换

五、制动装置机械故障的原因及处理方法

制动装置机械故障的原因及处理方法见表 11－5。

表 11－5　制动装置机械故障的原因及处理方法

故障现象	主要原因	处理及预防方法
制动器和制动手把跳动或偏摆，制动不灵，降低和丧失制动力矩	（1）闸座销轴及各铰接轴松旷、锈蚀、黏滞 （2）传动杠杆有卡塞地方 （3）三通阀活塞的位置调节不适当 （4）三通阀活塞和缸体内径磨损间隙超限，使压力油和回油窜通 （5）制动器安装不正 （6）压力油脏或黏度过大，油路阻塞	（1）更换销轴，定期加润滑剂 （2）处理和调整 （3）更换三通阀 （4）更换三通阀 （5）重新调整找正 （6）清洗换油，疏通油路
制动闸瓦闸轮过热或烧伤	（1）用闸过多过猛 （2）闸瓦螺栓松动或闸瓦磨损过度，螺栓触及闸轮 （3）闸瓦接触面积小于60%	（1）改进操作方法 （2）更换闸瓦，紧固螺栓 （3）调整闸瓦的接触面
制动油缸活塞卡缸	（1）活塞皮碗老化变硬卡缸 （2）压力油脏，过滤器失效 （3）活塞皮碗在油缸中太紧 （4）活塞面的压环螺钉松动脱落 （5）制动油缸磨损不均	（1）更换皮碗 （2）清洗、换油 （3）调整、检修 （4）修理、更换 （5）修理或更换油缸
制动油缸顶缸	工作行程不当	调整工作行程
蓄压器活塞上升不稳或太慢	（1）密封皮碗压得过紧 （2）油量不足	（1）调整密封皮碗，以不漏油为宜 （2）加油
蓄压器活塞明显自动下降或下降过快	（1）管路接头及油路漏油 （2）密封不好 （3）安全阀有过油现象或放油阀有漏油现象	（1）检查管路处理漏油 （2）更换密封圈 （3）调整安全阀弹簧的顶丝，或更换放油阀
盘形闸闸瓦断裂、制动盘磨损	（1）闸瓦材质不好 （2）闸瓦接触面不平，有杂物	（1）更换质量好的闸瓦 （2）调整、处理接触面，使之有良好的接触面
制动缸漏油	密封圈磨损或破裂	更换密封圈

六、液压制动系统机械故障的原因及处理方法

液压制动系统机械故障的原因及处理方法见表 11－6。

表11-6 液压制动系统机械故障的原因及处理方法

故障现象	主要原因	处理及预防方法
溢流阀定压失调	（1）溢流阀的辅助弹簧失效 （2）阀球或阀座接触面磨损，造成阀孔堵塞不严 （3）叶片泵发生故障	（1）更换弹簧 （2）更换已磨损元件 （3）检修或更换叶片泵
正常运转时突然油压下降，松不开闸	（1）溢流阀密封不好，漏油 （2）电液调压装置的控制杆和喷嘴的接触面磨损 （3）动线圈的引线接触不好或自整角机无输出 （4）管路漏油	（1）清洗或更换溢流阀 （2）更换磨损元件 （3）检查线路 （4）检查管路
开动油泵后不产生油压，溢流阀也没有油流出	（1）叶片油泵进入空气 （2）叶片油泵卡塞 （3）滤油器堵塞 （4）滑阀失灵，高压油路和回油路接通 （5）溢流阀节流孔堵死或滑阀卡住	（1）排出叶片油泵中的空气 （2）检修叶片油泵 （3）清洗或更换滤油器 （4）检修滑阀 （5）清洗检修溢流阀
液压站残压过大	（1）电液调压装置的控制杆端面离喷嘴太近 （2）溢流阀的节流孔过大 （3）液压油温度过低	（1）将十字弹簧上端的螺母拧紧 （2）更换节流孔元件 （3）加强保温，提高油温
油压高频振动	（1）油泵油流的脉动频率与溢流阀弹簧和电液调压装置的弹簧固有频率相同或接近，引起油压共振现象 （2）喷嘴孔与溢流阀的节流孔比例失调；引起共振现象 （3）油压系统中存有空气 （4）电液线圈输入交流成分过大	（1）更换相应的液压元件 （2）重新选配节流元件 （3）利用排气孔排出油压系统中的空气 （4）在电液线圈的电路上增加一个电容器，加强滤波，滤除交流成分

七、深度指示器机械故障的原因及处理方法

深度指示器机械故障的原因及处理方法见表11-7。

表11-7 深度指示器机械故障的原因及处理方法

故障现象	主要原因	处理及预防方法
牌坊式深度指示器的丝杆晃动、指示失灵	（1）上下轴承不同心或传动轴轴承调整得不合适，轴向窜量大 （2）丝杆弯曲 （3）丝杆螺母丝扣磨损严重 （4）传动伞齿轮脱键 （5）多绳摩擦式提升机的电磁离合器有黏滞现象，不调零	（1）调整或更换 （2）调直或更换丝杆 （3）更换丝杆螺母 （4）修理背紧键 （5）检修调整

表11－7（续）

故障现象	主要原因	处理及预防方法
圆盘式深度指示器精针盘运转出现跳动现象，或者传动精度有误差	（1）传动轴心线歪斜和不同心度 （2）传动齿轮变形或磨损	（1）加套处理调整 （2）更换传动齿轮

第三节 矿井提升机电气故障原因及处理方法

提升机的电气故障除通过外观检查外，更多的是需要通过仪器仪表来检查。主提升机操作工应掌握通过现象来分析发生故障主要原因的方法，以保证安全操作并为进行故障处理提供准确的信息。

一、提升电动机电气故障的原因及处理方法

提升电动机电气故障的原因及处理方法见表11－8。

表11－8 提升电动机电气故障的原因及处理方法

故障现象	主要原因	处理及预防方法
电动机完全不能启动，声音不正常，三相电流不平衡，定子绕组局部过热	（1）电源进线一相断线，开关一相断开或接触不良，定子进线接线盒端一相断开 （2）转子出线或启动电阻断线（二相或三相） （3）定子绕组一相断线，转子绕组二相或三相断线 （4）轴瓦磨损过限或轴承移动，使转子与定子间隙不匀	（1）检查电源开关和接线盒，处理断线和接触不良现象 （2）检修转子连线，更换烧断电阻 （3）检修定子或转子绕组 （4）更换轴瓦，校正轴承，调整转子与定子间隙
电动机启动力矩或最大力矩不足，有载时不能启动或负载增大时停下来。声音异响、局部过热，定子电流摆动	（1）定子绕组为三角形接线时，内部一相断线 （2）定子绕组匝间短路 （3）启动电阻选择太大或匹配不合适 （4）启动电阻或启动电阻一相烧坏断线或接触不良	（1）打开电动机端盖修理断线或送厂修理绕组 （2）检修或更换绕组 （3）重新计算启动电阻并进行调整 （4）检修处理
电动机启动响声很大。电流大且不平衡，不带负载运转，电流超过额定值，甚至使电源开关跳闸	（1）定子绕组一相接反 （2）定子绕组两相短路 （3）启动电阻过小或短路 （4）加速接触器烧蚀粘连现象	（1）检查重接 （2）检修或更换绕组 （3）检修或调整启动电阻 （4）检修或更换加速接触器

表11-8（续）

故障现象	主要原因	处理及预防方法
启动后，转速低于额定转速	（1）电源电压降低，电动机转矩减小 （2）转子绕组与滑环，电刷与启动电阻或滑环接触不良 （3）转子绕组端部或中性点焊接处接触不良 （4）启动电阻未完全切除 （5）电刷与滑环接触不良	（1）检查电源，限制负荷 （2）检查处理 （3）检查接头、重新接焊 （4）检查接触器控制回路 （5）清扫、调整电刷压力
电动机过热	（1）长期过负荷运行 （2）电源电压过高或过低 （3）电动机通风不良 （4）运行中电动机一相进线断开	（1）限制负荷 （2）检查电源，暂停运行 （3）加强通风和清扫 （4）检查处理
电动机局部过热	（1）绕组匝间短路 （2）绕组烧毁	（1）送厂修理或检查处理 （2）更换电动机
电动机振动，切除电源后仍有振动现象	（1）同心度及水平度偏差过大 （2）地脚螺栓松动 （3）轴瓦间隙过大 （4）转子不平衡	（1）调整 （2）拧紧螺母 （3）调整间隙或更换轴瓦 （4）对转子做平衡试验
转子扫膛	轴瓦磨损过限或轴承移动使转子与定子之间的间隙不匀	更换轴瓦、调整轴承
铁芯发生异常噪声	槽口指形压板，端头冲片或隔离绝缘片松动	修理、加固、压好
滑动轴承过热	（1）润滑油不清洁或缺油 （2）轴瓦间隙过小 （3）轴瓦研磨不好或已磨坏 （4）油环卡住或油路堵塞	（1）换润滑油或加润滑油 （2）刮瓦或调整间隙 （3）重新研磨或换瓦 （4）修理油环，清洗油路
滚动轴承过热	（1）润滑脂充的过多 （2）缺润滑脂或润滑脂过脏 （3）轴承过度磨损 （4）滚珠（柱）或保持架损坏	（1）去掉一些润滑脂 （2）增添或更换润滑脂 （3）更换轴承 （4）更换轴承

二、高压开关柜电气故障的原因及处理方法

高压开关柜电气故障的原因及处理方法见表11-9。

表11-9　高压开关柜电气故障的原因及处理方法

故障现象	主要原因	处理及预防方法
油开关合不上闸	（1）电压互感器高压侧或低压侧熔断器烧断 （2）电压互感器高压侧或低压侧断线 （3）失压脱扣线圈断线	（1）更换熔断器或熔体 （2）更换电压互感器 （3）修理或更换线圈

表11－9（续）

故障现象	主要原因	处理及预防方法
油开关切不断，脱扣机构失灵	（1）脱扣电路断线，脱扣线圈烧毁，脱扣机构卡住 （2）熔断器烧断	（1）检查处理，更换线圈 （2）更换熔断器

三、高压换向器电气故障的原因及处理方法

高压换向器电气故障的原因及处理方法见表11－10。

表11－10　高压换向器电气故障的原因及处理方法

故障现象	主要原因	处理及预防方法
换向器的接触器不吸合	（1）接触器的线圈断线 （2）接触器的线圈回路中闭锁触头接触不良 （3）机械活动部分润滑不好被卡塞，阻力大 （4）电气控制回路故障	（1）检修或更换 （2）检查、打磨触点并调整压力 （3）检修、清洗加润滑油 （4）检查处理控制回路故障
换向器连接不断开合	接触器线圈的经济电阻损坏或连线断开	修理或更换经济电阻，检查线路
换向器闭合时产生短路现象，油开关跳闸	（1）熄弧室受潮、绝缘破坏 （2）电气或机械闭锁失灵 （3）换向太快	（1）清扫、干燥、修理 （2）检查闭锁，消除故障 （3）调整电弧闭锁继电器，使其动作时间不小于0.5～1 s
换向接触器的磁铁吸合不严，振动有响声，线圈过热	（1）磁铁的短路环断裂或掉落 （2）衔铁接触歪斜，表面不平或有杂物 （3）固定铁芯螺栓松动 （4）主触头弹簧压力太大	（1）更换短路环 （2）调整锉平，清扫衔铁 （3）拧紧螺栓 （4）调整压力

四、交流接触器电气故障的原因及处理方法

交流接触器电气故障的原因及处理方法见表11－11。

表11－11　交流接触器电气故障的原因及处理方法

故障现象	主要原因	处理及预防方法
接触器不能吸合	（1）接触器线圈烧毁、断线或接头松动 （2）电源电压过低，吸力不够 （3）触头被消弧罩卡住，衔铁铁芯和触头上有杂物，或衔铁卡塞 （4）接触器的轴承润滑不好，转动不灵	（1）处理更换接触器 （2）检查电源电压 （3）检修、清除故障 （4）清洗加油

表 11－11（续）

故障现象	主要原因	处理及预防方法
主触头过热，甚至熔连	（1）负荷电流过大，容量不够 （2）触头烧损严重或太脏 （3）触头压力太大或太小 （4）电源电压低而造成吸力不够	（1）更换接触器、主触头或限制负荷 （2）打磨、清洗或更换 （3）调整压力或更换弹簧 （4）检查电源

五、金属启动电阻电气故障的原因及处理方法

金属启动电阻电气故障的原因及处理方法见表 11－12。

表 11－12　金属启动电阻电气故障的原因及处理方法

故障现象	主要原因	处理及预防方法
电阻片刺火	（1）接触面粗糙或太脏 （2）电阻箱两端螺帽未上紧	（1）打磨、清扫接触面 （2）拧紧两端螺帽
电阻片严重过热	（1）电阻箱容量小 （2）因操作不当，该段电阻运行时间太长	（1）重新选配电阻 （2）改进操作方法
部分电阻片短时间过热甚至烧毁	（1）电阻容量小 （2）有一部分电阻短路	（1）重新选配电阻 （2）检查短路之处
加速不匀，出现大的冲击电流	（1）电阻箱之间短路 （2）电阻片之间绝缘烧毁	（1）消除短路 （2）修理或更换电阻片

六、电控系统电气故障的原因及处理方法

电控系统电气故障的原因及处理方法见表 11－13。

表 11－13　电控系统电气故障的原因及处理方法

故障现象	主要原因	处理及预防方法
合上电源，时间继电器 1KT～8KT 全部不吸合	（1）电源刀闸的保险丝烧断 （2）直流发电机有故障或硅整流器损坏 （3）铁磁稳压器无输出或很小 （4）1KM、7KM 常闭触点接触不良	（1）更换保险丝 （2）检修直流发电机或更换损坏的硅整流器元件 （3）检查修理稳压器 （4）打磨调整
合上电源，前一部分时间继电器不吸合，而后一部分时间吸合	（1）前一序号的加速接触器的常闭触点接触不良 （2）回路断线	（1）打磨触点 （2）检查线路，处理断线

表11-13（续）

故障现象	主要原因	处理及预防方法
合上电源，仅1KT不吸合	（1）继电器线圈损坏或连线断开 （2）消弧继电器KXT或加速接触器1KM（1JC）常闭触点接触不良	（1）更换线圈，检查连线 （2）打磨触点
合上电源，在2KT～8KT中有一个不吸合	（1）线圈损坏或连线断开 （2）与其串联的同序号接触器常闭触点接触不良	（1）更换线圈，检查连线 （2）打磨触点
制动手把和操纵手把位置正确，合上油断路器，KMA不吸合	（1）KMA线圈损坏 （2）安全回路中的保护及闭锁触点接触不良或打开 （3）回路断线	（1）更换线圈，检查连线 （2）对各触点打磨，检查是否因故障打开 （3）检查连线
操纵手把移到启动位置，KMFW或KMR有一个不吸合	（1）吸力线圈损坏或断线 （2）两个接触器中有一个常闭触点接触不良 （3）过卷复位开关不在零位 （4）主令控制器触点接触不良	（1）更换线圈，检查连线 （2）打磨触点 （3）正常后恢复零位 （4）检修主令控制器
操纵手把移到启动位置，线路接触器KMX不吸合	（1）吸力线圈损坏，连线断开 （2）KMFW或KMR常开触点接触不良	（1）更换线圈，检查连线 （2）打磨触点
信号继电器KMS不吸合	（1）吸力线圈损坏，连线断开 （2）常闭触点接触不良 （3）信号回路或连线断开	（1）更换线圈，检查连线 （2）检查和打磨触点 （3）检查线路
操纵手把移到终端，加速接触器1KM～8KM不吸合	（1）1KM线圈损坏或回路断开 （2）主令控制器触点或1KT常闭触点未接触好	（1）更换线圈，检查连线 （2）打磨、调整触点
操纵手把移到终端，加速接触器2KM～8KM不吸合	（1）2KM线圈损坏，连线断开 （2）2KM回路中的各触点接触不良	（1）更换线圈，检查连线 （2）检查、打磨触点
操纵手把移到终端，前一部分加速接触器吸合，但后一部分不吸合	不吸合部分的第一个加速接触器线圈损坏，回路中有的触点接触不良	更换线圈，检查连线，打磨触点
操纵手把移到终端，加速接触器未经延时相继闭合	（1）1KT～8KT全未吸合 （2）1KM回路中的各触点接触不良	（1）检查时间继电器线路 （2）更换线圈，打磨触点
启动时电动机有很大的冲击电流，甚至电源跳闸	（1）电流继电器KKMA没整定好或线圈损坏，连线断开 （2）电动机有故障	（1）重新整定继电器，更换线圈，检查连线 （2）检修电动机

表 11-13（续）

故障现象	主要原因	处理及预防方法
提升机在等速阶段运行时，突然发生安全制动	（1）因故障，供电线路停电 （2）提升机超速 15%，过速继电器动作 （3）高压换向器栅栏门打开 （4）制动油过压制动 （5）辅助电源停电 （6）安全制动电磁铁线圈损坏或连线断开	（1）检查线路排除故障 （2）检查过速原因 （3）检查无问题将门关好 （4）检查调整 （5）检查辅助电源 （6）更换线圈，检查连线
提升机在减速阶段运行时，突然发生安全制动	减速阶段，因过速或过卷使安全回路动作	改进操作，防止减速阶段运行时过速及过卷
限速回路的继电器都不动作或动作不正确	（1）测速发电机有故障，传动皮带折断或打滑 （2）继电器整定值不符合要求或测速发动机回路断线	（1）检修测速发电机，处理调整传动皮带 （2）重新整定或检查发动机回路
润滑油泵电动机不能启动	（1）电源没有电压 （2）接触器有故障，线圈损坏或回路断线 （3）转换开关或控制按钮接触不好 （4）电动机或油泵有故障	（1）检查电源 （2）修理接触器，更换线圈，检查连线 （3）修理转换开关或按钮 （4）修理电动机或油泵
动力制动电流降不下来	（1）磁放大器偏移绕组断线或偏移电流变小，给定绕组断线或给定电流变小 （2）晶闸管不能关断，触发回路有故障	（1）检查偏移绕组回路及给定绕组回路，调整偏移电流及给定电流 （2）更换可控硅元件，检查触发回路
TKD 系列的动线圈 KT 没有电流，可调闸不能松闸	（1）继电器 KGZ 不吸合 （2）磁放大器 AM_1 工作绕组电源没有电或其他绕组断线 （3）整流器 UFW_2 损坏 （4）自整角机 B_1 无输出	（1）检查线圈、触点 （2）检查电源及 AM_1，各绕组回路连线接好 （3）修理或更换整流器 （4）检查、修理
动线圈 KT 电流降不下来，可调闸不能抱闸	磁放大器 AM1 处的截止负反馈绕组、负偏移绕组断线或没有电流	检查该绕组及回路连线
圆盘式深度指示器指针不动作或指示不正确	（1）自整角机 B_3 与 B_4 之间的连线断开，B_4 无输入 （2）自整角机 B_4 阻力矩（包括指示机构）太大	（1）检查连线及自整角机励磁绕组电源 （2）检修机械传动系统阻力增大的原因，注润滑油脂
动力制动接触器不吸合	（1）接触器线圈损坏，回路触点接触不良，连线断开 （2）1KT 时间继电器未吸合 （3）DZC 回路内触点接触不好或连线断开	（1）更换线圈，打磨触点，检查连线 （2）检查 1KT 线圈回路 （3）清扫打磨触点，检查连线

表 11－13（续）

故障现象	主要原因	处理及预防方法
动力制动电流提不上去或没有电流	（1）前置磁放大器 AM_3 测速绕组回路断线 （2）前置磁放大器 AM_3 或功率磁放大器 AM_4 在用发电机组时没有输出，用晶闸管时没有触发信号 （3）磁放大器的插件接触不好或硅整流元件损坏 （4）磁放大器电源熔断器烧断	（1）检查测速绕组及回路连线 （2）检查磁放大器的输出或可控硅触发信号回路 （3）检查插件接触情况或更换硅整流元件 （4）更换熔断器
脚踏动力制动电源提不上去或没有电流	（1）脚踏动力制动控制接触器 KMB，或继电器 KB 没有释放或 KMB 的常闭触点接触不良 （2）脚踏动力制动自整角机 B_2 一次或二次绕组未接通	（1）检查脚踏动力制动开关打磨触点 （2）检查一次电源及一次和二次绕组回路

七、制动电磁铁电气故障的原因及处理方法

制动电磁铁电气故障的原因及处理方法见表 11－14。

表 11－4　制动电磁铁电气故障的原因及处理方法

故障现象	主要原因	处理及预防方法
安全制动接触器 KMA（AC）吸合后，安全制动电磁铁不吸合	（1）磁力线圈三相或两相损坏，内部连线断开 （2）活动铁芯不灵活或卡塞 （3）电源断线	（1）更换线圈，检查连线 （2）拆开修理 （3）检查电源
电磁铁响声太大	（1）线圈有一相烧毁或断开 （2）电源电压太低或一相没电 （3）活动铁芯两端的铜套或短路环掉落	（1）更换线圈，检查连线 （2）检查电源 （3）修理
电磁铁发热高，活动铁芯未完全吸上	（1）三相线圈接线不正确 （2）电压过高或过低 （3）缓冲器或导向套卡套	（1）改正接线 （2）检查供电电压 （3）修理

复习思考题

1. 提升机操作工自检、自修的内容有哪些？
2. 在检修和调整中提升机操作工应注意哪些事项？

第十二章　自救器及互救、创伤急救训练

知识要点

☆ 掌握自救器的训练

☆ 掌握互救、创伤急救的训练

第一节　自 救 器 的 训 练

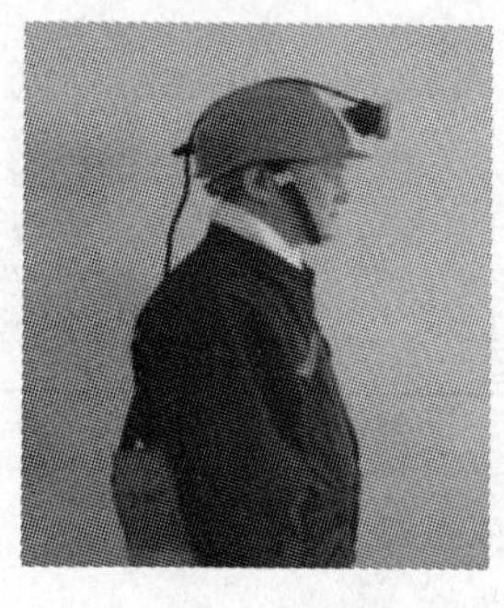

图 12－1　步骤一

一、操作步骤

压缩氧自救器佩戴使用方法如图 12－1～图 12－7 所示。

图 12－1：携带自救器，应斜挎在肩膀上。

图 12－2：使用时，先打开外壳封口带和扳手。

图 12－3：按图方向，先打开上盖，然后，左手抓住自救器下部，右手用力向上提起上盖，自救器开关即自动打开，最后将主机从下壳中取出。

图 12－4：摘下矿工帽，挎上背带。

图 12－5：拔出口具塞，将口具放入口内，牙齿咬住牙垫。

图 12－6：用鼻夹夹住鼻孔，开始用口呼吸。

图 12－7：在呼吸的同时按动手动补给按钮，大约 1～2 s，快要充满氧气袋时，立即停止（使用过程中如发现氧气袋空瘪，供气不足时也要按上述方法重新按动手动补给按钮）。

图 12－2　步骤二

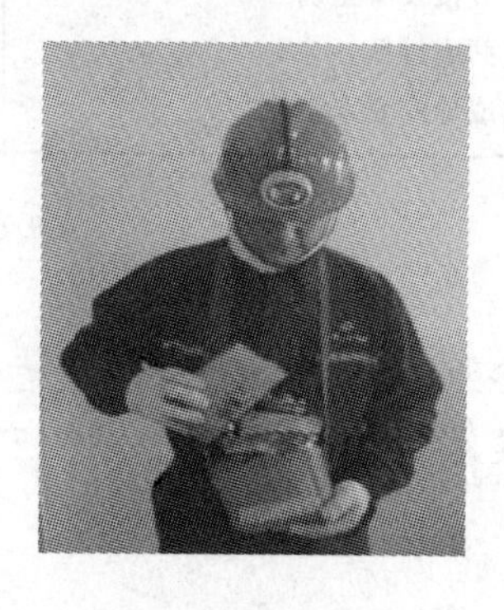

图 12－3　步骤三

图 12－4　步骤四

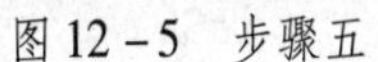
图 12－5　步骤五

图 12－6　步骤六

图 12－7　步骤七

最后，佩戴完毕，可以撤离灾区逃生。

二、注意事项

（1）凡装备压缩氧自救器的矿井，使用人员都必须经过训练，每年不得少于 1 次。使佩戴者掌握和适应该类自救器的性能和特点，脱险时，表现得情绪镇静，呼吸自由，行动敏捷。

（2）压缩氧自救器在井下设置的存放点，应以事故发生时井下人员能以最短的时间取到为原则。

（3）携带过程中不要无故开启自救器扳手，防止事故时无氧供给。

（4）自救器装有 20 MPa 的高压氧气瓶，携带过程中要防止撞击、磕碰或当坐垫使用。

（5）佩戴使用时要随时观察压力指示计，以掌握氧气消耗情况。

（6）佩戴使用时要保持沉着，呼吸均匀。同时，在使用中吸入气体的温度略有上升是正常的不必紧张。

（7）使用中应特别注意防止利器刺破和刮破氧气袋。

（8）该自救器不能代替工作型呼吸器使用。

第二节　人工呼吸操作训练

（1）病人取仰卧位，即胸腹朝天。

（2）清理患者呼吸道，保持呼吸道清洁。

（3）使患者头部尽量后仰，以保持呼吸道畅通。

（4）救护人员对着伤员人工呼吸时，吸气、呼气要按要求进行。

第三节　心脏复苏操作训练

（1）叩击心前区，左手掌覆于病员心前区，右手握拳捶击左手背数次。

（2）胸外心脏挤压，病员仰卧硬板床或地上，头部略低，足部略高，以左手掌置于病员胸骨下半段，以右手掌压于左手掌背面。

第四节　创伤急救操作训练

一、止血操作训练

(1) 用比较干净的毛巾、手帕、撕下的工作服布块等，即能顺手取得的东西进行加压包扎止血。

(2) 亦可用手压近伤口止血，即用手指把伤口以上的动脉压在下面的骨头上，以达到止血的目的。

(3) 利用关节的极度屈曲，压迫血管达到止血的目的。

(4) 四肢较大动脉血管破裂出血，需迅速进行止血。可用止血带、胶皮管等止血。

二、骨折固定操作训练

(1) 上臂骨折固定时，若无夹板固定，可用三角巾先将伤肢固定于胸廓，然后用三角巾将伤肢悬吊于胸前。

(2) 前臂骨折固定时，若无夹板固定，则先用三角巾将伤肢悬吊于胸前，然后用三角巾将伤肢固定于胸廓。

(3) 健肢固定法时，用绷带或三角巾将双下肢绑在一起，在膝关节、踝关节及两腿之间的空隙处加棉垫。

(4) 躯干固定法时，用长夹板从脚跟至腋下，短夹板从脚跟至大腿根部，分别置于患腿的外、内侧，用绷带或三角巾捆绑固定。

(5) 小腿骨折固定时，亦可用三角巾将患肢固定于健肢。

(6) 脊柱骨折固定时，将伤员仰卧于木板上，用绷带将脖、胸、腹、髂及脚踝部等固定于木板上。

三、包扎操作训练

(1) 无专业包扎材料时，可用毛巾、手绢、布单、衣物等替代。

(2) 迅速暴露伤口并检查，采用急救措施。

(3) 要清除伤口周围油污，用碘酒、酒精消毒皮肤等。

(4) 包扎材料没有时应尽量用相对干净的材料覆盖，如清洁毛巾、衣服、布类等。

(5) 包扎不能过紧或过松。

(6) 包扎打结或用别针固定的位置，应在肢体外侧面或前面。

四、伤员搬运操作训练

(1) 呼吸、心跳骤然停止及休克昏迷的伤员应及时心脏复苏后搬运。

(2) 对昏迷或有窒息症状的伤员，要把肩部稍垫高，头后仰，面部偏向一侧或侧卧，注意确保呼吸道畅通。

(3) 一般伤者均应在止血、固定包扎等初级救护后再搬运。

(4) 对脊柱损伤的伤员，要严禁让其坐起、站立或行走。也不能用一人抬头，一人抱腿，或人背的方法搬运。

考 试 题 库

第一部分 基 本 知 识

一、单选题

1. 特种作业人员必须取得（　　）才允许上岗操作。
A. 技术资格证书　　B. 操作资格证书　　C. 安全资格证书

2. 矿山企业主管人员违章指挥、强令工人冒险作业，因而发生重大伤亡事故的；对矿山事故隐患不及时采取措施，因而发生重大伤亡事故的，依照刑法规定追究（　　）。
A. 刑事责任　　B. 行政责任　　C. 民事责任

3. 职工由于不服从管理违反规章制度，或者强令工人违章冒险作业，因而发生重大伤亡事故，造成严重后果的行为是（　　）。
A. 玩忽职守罪　　B. 过失犯罪　　C. 重大责任事故罪

4. 在煤矿生产范围内，应该强调（　　）。
A. 质量第一　　B. 安全第一　　C. 重大责任事故罪

5. 煤矿安全生产要坚持“管理、装备、（　　）”并重原则。
A. 监察　　B. 培训　　C. 技术

6. 煤层顶板的三种类型中，（　　）是采煤工作面顶板控制的直接对象。
A. 伪顶　　B. 直接顶　　C. 基本顶

7. 直接位于煤层之下，遇水容易膨胀，引起底鼓现象的岩层是（　　）。
A. 基本底　　B. 直接底　　C. 直接顶

8. 我国煤矿广泛应用的开拓方法是（　　）。
A. 斜井开拓　　B. 立井开拓　　C. 综合开拓

9.《煤矿安全规程》规定，采掘工作面气温不得超过（　　）。
A. 30 ℃　　B. 24 ℃　　C. 26 ℃

10.《中华人民共和国劳动法》规定，用人单位应保证劳动者每周至少休息（　　）。
A. 0.5 日　　B. 1 日　　C. 2 日

11. 尘肺病中的硅肺病是由于长期吸入过量（　　）造成的。
A. 煤尘　　B. 煤岩尘　　C. 岩尘

12. 煤矿降尘“八字方针”不包括（　　）。
A. 革　　B. 密　　C. 罚

13. 硅尘指游离二氧化硅含量超过（　　）的无机性粉尘。
A. 5%　　B. 10%　　C. 15%

14. 一氧化碳是无色、无味、无臭的气体，比空气轻，易燃易爆，爆炸浓度界限为（　　）。
A. 5% ~12.8%　　B. 10% ~48.7%　　C. 12.5% ~74%

15. 利用仰卧压胸人工呼吸法抢救伤员时，要求每分钟压胸的次数是（　　）。

A. 8 ~ 12 次　　B. 16 ~ 20 次　　C. 30 ~ 36 次

16. 对触电后停止呼吸的人员，应立即采用（　　）进行抢救。

A. 人工呼吸法　　B. 清洗法　　C. 心脏按压法

17. 戴上自救器后，如果吸气时感到干燥且不舒服，（　　）。

A. 脱掉口具吸口气　　B. 摘掉鼻夹吸气　　C. 不可从事 A 项或 B 项

18. 入井人员（　　）随身携带自救器。

A. 应　　B. 可根据情况决定是否

C. 必须

19. 过滤式自救器主要用于井下发生火灾或瓦斯、煤尘爆炸时，防止（　　）中毒的呼吸装置。

A. H_2S　　B. CO_2　　C. CO

20. 在井下有出血伤员时，应（　　）。

A. 先止血再送往医院　　B. 立即升井上医院

C. 立即报告矿调度室

21. （　　）是现场急救最简捷、有效的临时止血措施。

A. 加压包扎止血法　　B. 手压止血法　　C. 绞紧止血法

22. 对重伤者一定要用（　　）进行搬运。

A. 单人徒手搬运法　　B. 抱持法　　C. 双人徒手搬运法

23. 在标准大气状态下，瓦斯爆炸的瓦斯浓度范围为（　　）。

A. 1% ~10%　　B. 5% ~16%　　C. 3% ~10%

24. 引起矿井火灾的基本要素有三个，（　　）发生。

A. 只要三个要素中的一个存在，火灾即可

B. 只要三个要素中的两个存在，火灾即可

C. 三个要素同时存在，火灾才会

25. 煤尘爆炸的条件有四条，（　　）爆炸。

A. 只要四条中的一条存在，煤尘即可

B. 只要四条中的两条存在，瓦斯即可

C. 四条必须同时存在，煤尘才能

26. 由于瓦斯具有（　　）的特性，所以可将瓦斯作为民用燃料。

A. 可燃烧　　B. 无毒　　C. 无色、无味

27. 在含爆炸性煤尘的空气中，氧气的浓度低于（　　）时，煤尘不能爆炸。

A. 12%　　B. 15%　　C. 18%

28. 瓦斯爆炸的条件有三条，（　　）爆炸。

A. 只要三条中的一条存在，瓦斯即可

B. 只要三条中的两条存在，瓦斯即可

C. 三条必须同时存在，瓦斯才能

29. “安全第一、预防为主”是（　　）都必须遵循的安全的生产基本方针。

A. 煤矿企业　　B. 高危行业　　C. 各行各业

30. 由全国人民代表大会及其常务委员会制定的规范性文件是（　　）。
A. 规章　　B. 法规　　C. 法律
31. 从业人员依法获得劳动安全生产保障权利，同时应履行劳动安全生产方面的（　　）。
A. 权利　　B. 全力　　C. 义务
32. 行政处罚的对象是（　　）。
A. 个人　　B. 政府　　C. 单位（或）个人
33. 提升装置使用中专为升降人员用的钢丝绳安全系数小于（　　）时，必须更换。
A. 5　　B. 6　　C. 7
34. 上下车场挂车时，余绳不得超过（　　）m。
A. 1　　B. 2　　C. 3
35. 井下采用人力推车时，同巷推车的间距，在轨道坡度小于或等于 5‰时，不得小于（　　）m。
A. 5　　B. 10　　C. 20
36. 煤矿井下，非专职人员或值班电气人员（　　）擅自操作电气设备。
A. 严禁　　B. 不得　　C. 不应
37. 井下接地网上任一保护接地点测得接地电阻值不应超过（　　）Ω。
A. 1　　B. 2　　C. 3
38. 低压配电点或装有（　　）台以上电气设备的地点应装设局部接地极。
A. 2　　B. 3　　C. 4
39. 我国规定通过人体的极限安全电流为（　　）mA。
A. 20　　B. 30　　C. 40

二、判断题

1. 从业人员有权拒绝违章指挥和强令冒险作业。（　　）
2. 保证“安全第一”方针的具体落实，是严格执行《煤矿安全规程》。（　　）
3. 安全与生产的关系是，生产是目的，安全是前提，安全为了生产，生产必须安全。（　　）
4. “安全第一”与“质量第一”两种提法是矛盾的。（　　）
5. 过滤式自救器只能使用 1 次，用后就报废。（　　）
6. 佩戴自救器脱险时，在未到达安全地点时，严禁取下鼻夹和口具。（　　）
7. 隔离式自救器在使用中外壳体会发热，当感到呼吸温度高时，可取下鼻夹和口具。（　　）
8. 在煤矿井下发生瓦斯与煤尘爆炸事故后，避灾人员在撤离灾区佩戴的自救器可根据需要随时取下。（　　）
9. 对于呼吸、心搏骤停的病人，应立即送往医院。（　　）
10. 四肢骨折的病人，在固定时，一定要将趾（指）末端露出。（　　）
11. 怀疑有胸、腰、椎骨折的病人，在搬运时，可以采用一人抬头，一人抬腿的方法。（　　）
12. 对被埋压的人员，挖出后应首先清理呼吸道。（　　）

13. 煤矿井下出现重伤事故时，在场人员应立即将伤员送出地面。（　）

14. 我国的煤矿安全监察机构属于行政执法机构。（　）

15. “生产必须安全，安全为了生产”，与“安全第一”的精神是一致的。（　）

16. 法是由国家制定和认可的，反映党的意志，并由国家强制力保证实施的行为规范。（　）

17. 所谓“预防为主”，就是要在事故发生后进行事故调查，查明原因，制定防范措施。（　）

18. 法律制裁，是指由特定国家机关对违法者依其法律责任而实施的强制性惩罚措施。（　）

19. 小煤矿伤亡事故由煤炭主管部门负责组织调查处理。（　）

20. 煤矿对作业场所和工作岗位存在的危险因素、防范措施以及事故应急措施实施保密制度。（　）

21. 《行政许可法》是《安全生产许可证条例》的主要立法依据。（　）

22. 国有煤矿采煤、掘进、通风、维修、井下机电和运输作业，一律由安监人员带班进行。（　）

23. 矿井钢丝绳锈蚀分为4个等级。（　）

24. 卷筒驱动的带式输送机可以不使用阻燃输送带。（　）

25. 检漏继电器应灵敏可靠，严禁甩掉不用。（　）

26. 电击是指电流流过人体内部，造成人体内部器官损害和破坏，甚至导致人死亡。（　）

27. 人员上下井时，必须遵守乘罐制度，听从把钩工指挥。（　）

28. 防爆性能遭受破坏的电气设备，在保证安全的前提下，可以继续使用。（　）

29. 在煤矿井下36 V及以上的电气设备必须设保护接地。（　）

30. 井下机电设备硐室入口处必须悬挂“非工作人员禁止入内”字样的警示牌。（　）

31. 国家对从事煤矿井下作业的职工采取了特殊的保护措施。（　）

32. 硅肺病是一种进行性疾病，患病后即使调离硅尘作业环境，病情仍会继续发展。（　）

33. 职业安全卫生管理体系的建立，使企业安全管理更具系统性。（　）

34. 生产经营单位为从业人员提供劳动保护用品时，可根据情况采用货物或其他物品代替。（　）

35. 空气中矿尘浓度大，人吸入的矿尘越多，尘肺病发病率就越高。（　）

三、多选题

1. 井下空气中的有害气体包括（　）。

A. 瓦斯　B. 一氧化碳　C. 氮氧化合物　D. 二氧化碳

E. 硫化氢　F. 氢气　G. 氨气　H. 氧气

2. 发生冒顶事故时，正确的做法是（　）。

A. 迅速撤退到安全地点

B. 来不及撤退时，靠煤帮贴身站立或到木垛处避灾

C. 立即发出呼救信号

D. 被煤矸等埋压无法脱险时，猛烈挣扎

3. 瓦斯、煤尘爆炸前，当听到或感觉到爆炸声响和空气冲击波时，应迅速卧倒。卧倒时（ ）。

A. 背朝声响和气浪传来的方向　　B. 面朝声响和气浪传来的方向

C. 脸朝下　　D. 双手置于身体下面

E. 闭上眼睛

4. 矿井外因火灾事故多因（ ）等原因造成。

A. 放糊炮　　B. 电焊、气焊　　C. 井下吸烟　　D. 煤炭自燃

5. 发生突水事故后，在唯一出口被堵无法撤离时，应（ ）。

A. 沉着冷静，就地避险救灾　　B. 等待救护人员营救

C. 潜水脱险　　D. 顺水流方向脱险

6. 预防煤尘爆炸的降尘措施有（ ）。

A. 煤层注水　　B. 用水炮泥封堵炮眼

C. 采用湿式打眼　　D. 喷雾洒水

E. 清扫积尘

7. 液力偶合器的易熔合金塞熔化，工作介质喷出后，下列做法不正确的是（ ）。

A. 换用更高熔点的易熔合金塞　　B. 随意更换工作介质

C. 注入规定量的原工作介质　　D. 增加工作液体的注入量

8. 上止血带时应注意（ ）。

A. 松紧合适，以远端不出血为止　　B. 应先加垫

C. 位置适当　　D. 每隔 40 min 左右，放松 2～3 min

9. 心跳呼吸停止后的症状有（ ）。

A. 瞳孔固定散大　　B. 心音消失，脉搏消失

C. 脸色发绀　　D. 神志丧失

10. 按包扎材料分类，包扎方法可分为（ ）。

A. 毛巾包扎法　　B. 腹部包扎　　C. 三角巾包扎法　　D. 绷带包扎法

11. 做口对口人工呼吸前，应（ ）。

A. 将伤员放在空气流通的地方　　B. 解松伤员的衣扣、裤带，裸露前胸

C. 将伤员的头侧过　　D. 清除伤员呼吸道内的异物

12. 拨打急救电话时，应说清（ ）。

A. 受伤的人数　　B. 患者的伤情　　C. 地点　　D. 患者的姓名

13. 下列选项中，属于防触电措施的是（ ）。

A. 设置漏电保护　　B. 装设保护接地

C. 采用较低的电压等级供电　　D. 电气设备采用闭锁机构

14. 局部通风机供电系统中的“三专”是指（ ）。

A. 专用开关　　B. 专用保护　　C. 专业线路　　D. 专用变压器

15. 井下供电应做到“三无”“四有”“两齐”“三坚持”，其中“两齐”是指（ ）。

A. 供电手续齐全　　B. 设备硐室清洁整齐
C. 绝缘用具齐全　　D. 电缆悬挂整齐

16.《中华人民共和国安全生产法》规定，生产经营单位与从业人员订立的劳动合同，应当载明有关保障从业人员（　）的事项。

A. 工资待遇　B. 劳动安全　C. 医疗社会保险　D. 防止职业危害

17.《中华人民共和国劳动法》规定，国家对（　）实行特殊劳动保护。

A. 童工　B. 未成年工　C. 女职工　D. 中年人

18. 根据《中华人民共和国劳动法》的规定,不得安排未成年工从事(　)的劳动。

A. 矿山井下　　B. 有毒有害
C. 国家规定的第四级体力劳动强度　　D. 其他禁忌

19. 事故调查处理中坚持的原则是：（　）。

A. 事故原因没有查清不放过　　B. 责任人员没有处理不放过
C. 有关人员没有受到教育不放过　　D. 整改措施没有落实不放过

20. 从业人员发现事故隐患或者其他不安全因素，应当立即向（　）报告；接到报告的人员应当及时予以处理。

A. 煤矿安全监察机构　　B. 地方政府
C. 现场安全生产管理人员　　D. 本单位负责人

第二部分　专　业　知　识

一、单选题

1. 为实现二级制动，盘式制动器将闸分成 A、B 两组，（　）投入制动。

A. A 组先　B. B 组先　C. A、B 两组同时

2. 当提升速度超过最大速度（　）时，提升机装设的防止过速装置必须能自动断电，并能使保险闸发生作用。

A. 10%　B. 15%　C. 20%

3. 提升速度超过（　）的提升绞车必须装设限速装置。

A. 2 m/s　B. 3 m/s　C. 5 m/s

4. 在提升速度大于 3 m/s 的提升系统内，必须设（　）。

A. 防撞梁　B. 托罐装置　C. 防撞梁和托罐装置

5. 通常液压站的残压不得超过（　）。

A. 0.5 MPa　B. 0.6 MPa　C. 0.8 MPa

6. 数控提升机速度传感器一般采用（　）。

A. 测速发电机　B. 编码器　C. 自整角机

7. 与 JKMK 型多绳摩擦式提升机配套使用的交流绕线型感应电机，拖动提升机的控制系统是（　）。

A. TKD 型　B. JKMK/J 型　C. 其他

8. TKD－A 型电气控制系统一律附加（　）启动电阻。

A. 8 级　B. 10 级　C. 不确定

9. 高压换向器用做主电动机的（ ）。

A. 通断电 B. 换向 C. 通断电和换向

10. 立井中用罐笼升降人员时的最大速度不得超过（ ）。

A. 12 m/s B. 5 m/s C. 7 m/s

11. 新绳悬挂前，必须对每根钢丝做（ ）试验。

A. 拉断 B. 弯曲和扭转 C. 拉断、弯曲和扭转

12. 在用钢丝绳可只做每根钢丝的（ ）试验。

A. 拉断 B. 弯曲 C. 拉断和弯曲

13. 提升钢丝绳、罐道绳必须（ ）检查1次。

A. 每天 B. 每周 C. 每月

14. 专为升降人员或升降人员和物料的提升容器的连接装置,其安全系统不小于（ ）。

A. 9 B. 10 C. 13

15. 盘形制动器闸瓦与制动盘之间的间隙应不大于（ ）。

A. 1 mm B. 2 mm C. 3 mm

16. 电液调压装置的作用有（ ）。

A. 定压 B. 调压 C. 定压和调压

17. 矿井提升系统按用途可分为（ ）。

A. 主井提升系统和副井提升系统 B. 箕斗提升系统和罐笼提升系统

C. 缠绕式提升系统和摩擦式提升系统

18. 《煤矿安全规程》规定，提升矿车的罐笼内必须装有（ ）。

A. 轨道 B. 罐帘 C. 阻车器

19. 斜井人车的连接装置，安全系数不小于（ ）。

A. 13 B. 10 C. 6

20. 专为升降人员的单绳缠绕式提升装置的提升钢丝绳，悬挂时的安全系数最低值为（ ）。

A. 6.5 B. 7.5 C. 9.0

21. 对使用中的钢丝绳，应根据井巷条件及锈蚀情况，至少（ ）涂油1次。

A. 每周 B. 每月 C. 半年

22. 倾斜井巷中升降人员或升降人员和物料的钢丝绳在卷筒上缠绕的层数，严禁超过（ ）。

A. 1层 B. 2层 C. 3层

23. 立井中用吊桶升降物料，在无罐道时的最大速度不得超过（ ）。

A. 1 m/s B. 2 m/s C. 3 m/s

24. 斜井用矿车升降物料时，速度不得超过（ ）。

A. 9 m/s B. 7 m/s C. 5 m/s

25. 罐笼运送安全炸药时的升降速度不得超过（ ）。

A. 2 m/s B. 3 m/s C. 4 m/s

26. 罐笼运送硝化甘油类炸药或电雷管时，升降速度不得超过（ ）。

A. 1 m/s B. 2 m/s C. 3 m/s

27. 检修人员站在罐笼或箕斗顶上工作时，提升容器的速度一般为0.3~0.5 m/s，最大速度不得超过（　　）。

A. 1 m/s　　B. 2 m/s　　C. 3 m/s

28. 主提升机操作工应轮流操作，每人连续操作时间一般不超过（　　）。

A. 1 h　　B. 2 h　　C. 3 h

29. 开车主提升机操作工对监护主提升机操作工的示警性喊话，（　　）。

A. 应该制止　　B. 应该回应　　C. 禁止对答

30. 斜井运输的提升容器到达停车位置时，无停车信号也要立即（　　）。

A. 电话询问　　B. 停止运转　　C. 降低速度

31. 双卷筒提升机调绳前必须将两钩提升容器卸空，并将活卷筒侧的容器放到（　　）。

A. 井底　　B. 井口　　C. 中间托架上

32. 提升机在运转中出现不明信号时，应采用（　　）进行中途停车。

A. 保险闸　　B. 工作闸　　C. 机械闸

33. 过卷、松绳等安全保护装置动作不准或不起作用时，（　　）立即进行调整。

A. 不必　　B. 应该　　C. 必须

34. 制动器瓦及闸轮或闸盘如有油污，应（　　）。

A. 停车检查油污源　　B. 更换闸瓦　　C. 擦拭干净

35. 主提升机操作工收到的信号与事先口头联系的信号不一致时，应（　　）。

A. 与信号工联系　　B. 按声光信号执行操作

C. 向调度室汇报

36. 交接班必须符合交接班规定，并经过（　　）同意，在交接班记录簿上签字，方为有效。

A. 领导　　B. 接班人　　C. 交接班双方

37. 巡回检查一般为（　　）1次，检查发现的问题必须认真填入运行日志。

A. 每班　　B. 每小时　　C. 每2 h

38. 主提升机操作工应（　　）矿井提升机的计划性维护和检修工作。

A. 组织　　B. 参与　　C. 不参与

39. 提升机经过大修后，空负荷和满负荷试运转各不少于（　　）。

A. 3次　　B. 4次　　C. 5次

40. 提升机停止工作（　　）以上，必须经过1次不装载提升试验后方可正式升降人员。

A. 2 h　　B. 3 h　　C. 4 h

41. 深度指示器指示位置不准时，应（　　）。

A. 向调度室及领导汇报，等待指示　　B. 及时与信号工联系，重新调整

C. 提高操作注意力，防止过卷或蹾罐

42. 用于轴承润滑的润滑油脂的滴点，一般应高于工作温度（　　）。

A. 10~20 ℃　　B. 5~10 ℃　　C. 20~30 ℃

43. 斜井串车提升应设置红灯信号，红灯亮时（　　）送电开车。

A. 慎重　　B. 抓紧　　C. 禁止

44. 提升机在运转中出现压力（气压或油压）表所指示的压力小于规定值时，应立即

断电，并用（　　）制动。

A. 常用闸　　B. 保险闸　　C. 常用闸和保险闸

45. 预防提升机房发生火灾应从消灭高温热源和加强对（　　）的管理两方面着手。

A. 环境　　B. 人员　　C. 可燃物

46. 提升机房工作人员应熟悉灭火器的（　　）。

A. 有效期　　B. 使用方法　　C. 构造原理

47. 提升机房应配备（　　）以上的防火砂。

A. 0.3 m^3　　B. 0.2 m^3　　C. 0.5 m^3

48. 斜井提升机全速运行发生事故时应立即停车，停车地点与事故地点之间的距离上行时不得超过（　　）。

A. 3 m　　B. 5 m　　C. 7 m

49. 提升机运行中，监护人必须由（　　）担任。

A. 正式主提升机操作工　　B. 实习主提升机操作工

C. 值班电工

50. 斜井提卷除在（　　）停车外，中途停车任何情况都不得松闸。

A. 领导指示　　B. 特别危害　　C. 停车场

51. 在提升机运行中，若机械部分运转声响异常，应（　　）。

A. 立即停车检查　　B. 立即汇报调度室　　C. 加强观察，严防重大事故

52. 斜井用箕斗升降物料时的速度不得超过（　　）。

A. 5 m/s　　B. 6 m/s　　C. 7 m/s

53. 提升信号系统出现电气线路故障，应（　　）处理。

A. 由主提升机操作工自修　　B. 找电气维修工

C. 交领导研究

54. 提升机操作工对主井提升机过卷保护装置的可靠性检查，应（　　）进行1次。

A. 每班　　B. 每天　　C. 每周

55. 提升机过卷保护装置应设在正常停车位置以上（　　）处。

A. 0.2 m　　B. 0.5 m　　C. 1.0 m

56. 测速发电机所发出的直流电压值，间接地反映了（　　）。

A. 绞车运行速度　　B. 过速保护动作情况

C. 工作闸的敞开程度

57. 立井中用罐笼升降人员时的最大速度不得超过（　　）。

A. 9 m/s　　B. 12 m/s　　C. 15 m/s

58. 斜井升降人员时的加速度和减速度都不得超过（　　）。

A. 0.5 m/s^2　　B. 0.6 m/s^2　　C. 0.7 m/s^2

59. 高压电源电压的允许波动范围为（　　）。

A. ±5%　　B. 0　　C. 15%

60. 使用中的立井罐笼防坠器，应（　　）进行1次不脱钩试验。

A. 每5个月　　B. 每6个月　　C. 每12个月

61. 对使用中的斜井人车防坠器，应（　　）进行1次手动落闸试验。

A. 每月　　B. 每天　　C. 每班

62. 卷筒上应经常缠留（　　）绳，用以减轻固定处的张力。

A. 5 圈　　B. 10 圈　　C. 3 圈

63. 主要提升机装置必须配有（　　）。

A. 专职主提升机操作工 1 人　　B. 正、副主提升机操作工 2 人

C. 正主提升机操作工 1 人

64. 在交接班升降人员的时间内，必须（　　）。

A. 正主提升机操作工操作，副主提升机操作工监护

B. 副主提升机操作工操作，正主提升机操作工监护

C. 正、副主提升机操作工操作，不用监护

65. 提升机设置的托罐装置，必须能够将撞击防撞梁后再下落的容器或配重托住，并保证其下落的距离不超过（　　）。

A. 0.5 m　　B. 1.0 m　　C. 1.5 m

66. 主提升机操作工每班需认真填写的五项记录为（　　）。

A. 交接班记录，巡回检查记录，安全装置试验记录，人员进出记录，运转日志

B. 交接班记录，巡回检查记录，安全装置试验记录，领导检查记录，运转日志

C. 交接班记录，巡回检查记录，安全装置试验记录，领导检查记录，设备检查记录

67. 提升机房发生电火灾时，应首先（　　）。

A. 切断电源　　B. 用灭火器灭火　　C. 用水灭火

68. 立井箕斗提升系统，主要用于提升（　　）。

A. 煤炭　　B. 煤炭与矸石　　C. 矸石　　D. 人员与设备

69. 防坠器的空行程时间，一般不超过（　　）。

A. 0.25 s　　B. 0.3 s　　C. 0.35 s　　D. 0.4 s

70. （　　）的作用是支撑和引导从提升机房出来的提升钢丝绳到井筒内。

A. 井架　　B. 天轮　　C. 天轮和井架　　D. 导轮

71. 防坠器制动绳（包括缓冲绳）至少（　　）检查 1 次。

A. 每班　　B. 每天　　C. 每周　　D. 每月

72. 专为升降人员用钢丝绳的安全系数小于（　　）时，必须更换。

A. 5　　B. 6　　C. 7　　D. 9

73. 深度指示器的主要作用是（　　）容器在井筒中的行程及位置。

A. 检测指示　　B. 检测　　C. 指示　　D. 提供

74. 斜井提升人员的速度，不得超过（　　），并不得超过人车设计的最大允许速度。

A. 4 m/s　　B. 5 m/s　　C. 6 m/s　　D. 7 m/s

75. 警告信号应为（　　）信号。

A. 灯光　　B. 音响　　C. 声光　　D. 声音

76. 立井用罐笼升降人员的加速度和减速度，都不得超过（　　）。

A. $0.5\ m/s^2$　　B. $0.6\ m/s^2$　　C. $0.65\ m/s^2$　　D. $0.75\ m/s^2$

77. 液压盘式制动系统靠（　　）制动。

A. 液压　　B. 油压　　C. 弹簧　　D. 闸块

78. 提升机运行时因故障停机，再次启动时，如果忘记了运行方向，应（　　）。

A. 直接开车　　B. 敞闸后试验

C. 询问监护人员　　D. 询问井口、井底把钩工

79. 井口卸载煤仓必须设置（　　）保护。

A. 箕斗到位　　B. 煤位信号　　C. 卸载　　D. 满仓

80. 开车信号应设有（　　）保留信号。

A. 音响　　B. 声光　　C. 灯光　　D. 开车

81. 在规定的接班主提升机操作工（　　）时，交班主提升机操作工不得擅自离岗。

A. 接班　　B. 缺勤　　C. 请假　　D. 未到

82. 显示提升速度的电压表，在等速阶段的读数范围是（　　）。

A. 253 ~ 380 V　　B. 200 ~ 220 V　　C. 220 ~ 253 V

83. 液压传动是以液体为（　　）。

A. 工作介质　　B. 工作压力　　C. 液压能

84. "一坡三挡"中的上部挡车栏设在变坡点下方（　　）处。

A. 10 m　　B. 15 m　　C. 略大于 1 列车长度的地点

85. 轴承发出很尖的声音说明（　　）。

A. 轴承内测量不足　　B. 轴承内有脏物

C. 轴承间隙太小　　D. 滚子断裂或破碎

86. 利用封闭系统中的液体压力实现能量传递和转换的传动称为（　　）。

A. 液力传动　　B. 液压传动　　C. 能力传动

87. 盘形制动器安装时，闸瓦与制动盘的间隙为（　　）。

A. 0.1 ~ 0.5 mm　　B. 0.6 ~ 1.0 mm　　C. 1.0 ~ 1.5 mm

88. 动力制动属于（　　）。

A. 正力减速　　B. 机械制动减速　　C. 负力减速

89. 等速阶段过速保护继电器的动作值是（　　）。

A. 253 V　　B. 242 V　　C. 220 V

90. 箕斗进入卸载曲轨时的速度，一般限制在（　　）以下。

A. 0.5 m/s　　B. 1 m/s　　C. 1.5 m/s

91. 提升容器超过正常终端停止位置（　　）时，称为过卷。

A. 0.5 m　　B. 1.2 m　　C. 1.5 m　　D. 1.8 m

92. 单绳缠绕式提升装置升降人员和物料时安全系数的最低值为（　　）。

A. 6.5　　B. 7.5　　C. 8.5　　D. 9.0

93. 电动减速属于（　　）。

A. 机械制动减速　　B. 正力减速　　C. 负力减速

94. 属于机械制动减速的是（　　）。

A. 工作闸制动减速　　B. 低频制动减速　　C. 动力制动减速

95. 斜井用箕斗升降物料时的速度不得超过（　　）。

A. 5 m/s　　B. 6 m/s　　C. 7 m/s

96. 同一绞车的盘形制动器所有闸瓦，其最高放开压力与最低放开压力之差不应超

过（　）。

A. 10%　　B. 5% ~8%　　C. 5%　　D. 2%

97. 立井提升容器的过卷高度和过放距离与（　　）有关。

A. 容器尺寸　　B. 容器速度

C. 楔形罐道的安装形式　　D. 提升主绳和尾绳的数目

98. 某矿主提升电动机启动后进入等速运行阶段时，转速低于额定转速，其转速低的原因是（　　）。

A. 电动机过热，通风不良　　B. 启动电阻未完全切除

C. 电动机只有两相在工作　　D. 电源开关接触不好

99. 某矿提升机深度指示器为机械牌坊式，在正常运行过程中突然出现传动轴接销脱落而主提升机操作工并未发现，发生这样的事情可能导致的后果有（　　）。

A. 绞车自动停止　　B. 正常工作　　C. 自整角机运转　　D. 发生过卷

100. 煤矿斜井大都采用（　　）。

A. 普通罐笼　　B. 底卸式箕斗　　C. 后卸式箕斗

101. 罐笼一般提升（　　）。

A. 煤炭矸石和人员　　B. 只提升人员　　C. 只提升煤炭

102. 多绳普通罐笼提升不设（　　）。

A. 防坠器　　B. 罐耳　　C. 连接装置

103. 提升钢丝绳是用来（　　）。

A. 悬吊提升容器　　B. 传递动力　　C. 悬吊提升容器并传递动力

104. 提升机电动机的电源频率（　　）。

A. 50 Hz　　B. 60 Hz　　C. 40 Hz

105. TKD－A 电控系统的主要回路有（　　）。

A. 5 个　　B. 8 个　　C. 10 个　　D. 12 个

106. 煤矿立井大都采用（　　）。

A. 普通罐笼和底卸式箕斗　　B. 吊桶　　C. 后卸式箕斗

107. 高压隔离开关的符号为（　　）。

A. TA　　B. SF　　C. QS　　D. TV

108. 高压油断路开关的符号为（　　）。

A. TA　　B. QF　　C. QS　　D. TV

109. 高压熔断器的符号为（　　）。

A. TA　　B. SF　　C. HFU　　D. TV

110. 电流互感器的符号为（　　）。

A. TA　　B. AGQ　　C. QS　　D. TV

111. 电压互感器的符号为（　　）。

A. TV　　B. SF　　C. QS　　D. AKC

112. JKMK/J 型电控系统一律附加（　　）启动电阻。

A. 8 级　　B. 10 级　　C. 6 级

113. 我国规定的安全电流是（　　）。

A. 30 mA　　　　B. 50 mA　　　　C. 60 mA

114. 我国规定的安全电压是（　　）。

A. 24 V　　　　B. 36 V　　　　C. 40 V

115. 提升机在等速阶段的实际速度超过最大速度（　　）时，过速保护动作。

A. 10%　　　　B. 15%　　　　B. 20%

116. 提升机实现减速阶段过速安全保护的数值是（　　）。

A. 10%　　　　B. 15%　　　　B. 20%

117. 绞车运行中，使用的滚动轴承的最高允许工作高温为（　　）。

A. 55 ℃　　　　B. 75 ℃　　　　C. 65 ℃

118. 绞车运行中，使用的滑动轴承的最高允许工作高温为（　　）。

A. 55 ℃　　　　B. 65 ℃　　　　C. 75 ℃

119. 深度指示器上设置的保护装置有（　　）。

A. 松绳报警装置　　B. 过卷开关　　C. 保护装置

120. 主提升交流电动机接线柱有（　　）。

A. 9 个　　　　B. 4 个　　　　C. 6 个

二、多选题

1. 深度指示器的作用有（　　）。

A. 指示容器在井筒中的位置　　B. 便于主提升机操作工操作

C. 发出减速信号　　D. 可以实现松绳保护

2. 靠弹簧抱闸，靠油压松闸的提升机型号有（　　）。

A. KJ2 型　　B. JKM 型　　C. JK 型　　D. JT 型

3. 盘形制动器液压站电液调压装置的作用是（　　）。

A. 定压　　B. 调压　　C. 控制流量　　D. 改变液流方向

4. 下列信号必须转发的是（　　）。

A. 双罐笼提升　　B. 箕斗（不包括带乘人的箕斗）提升

C. 带乘人的箕斗提升　　D. 单罐笼提升

5. 下列提升任务中，必须实行监护制的是（　　）。

A. 升降人员　　B. 升降小型物料　　C. 运送危险品　　D. 检修

6. 矿井提升机使用的电力拖动装置有（　　）。

A. 交流绕线型感应电动机　　B. 交流鼠笼式电动机

C. 直流串激电动机　　D. 直流他激电动机

E. 交流同步电动机

7. 提升信号装置必须满足（　　）、动作迅速、工作可靠的要求。

A. 安全　　B. 准确　　C. 清晰　　D. 有效

E. 正常

8. 主提升机操作工必须熟悉有关提升信号的（　　）。

A. 规定　　B. 要求　　C. 形式　　D. 工作原理

E. 内容

9. 主提升机操作工应严格执行“三不开”的内容是（　　）。

A. 信号不明不开　　B. 设备不正常不开

C. 没看清上下信号不开　　D. 监护主提升机操作工不到位不开

E. 启动状态不正常不开

10. 主提升机操作工应做到“四会”，内容是（　　）。

A. 会操作　　B. 会维修

C. 会保养　　D. 会检查

E. 会排除故障

11. 提升机常用的减速方法有（　　）。

A. 机械制动减速　　B. 电动机减速　　C. 惯性滑行减速　　D. 电气制动减速

12. 运行中出现（　　）情况之一时，应立即断电，用工作闸制动，进行中途停车。

A. 运转部位发出异响　　B. 出现情况不明的意外信号

C. 过减速点提升机不能减速　　D. 接到紧急信号

13. 运行中出现（　　）情况之一时，应用保险闸紧急制动。

A. 工作闸操作失灵　　B. 接到紧急信号

C. 过减速点提升机不能减速　　D. 出现不明信号

E. 接近正常停车位置不能正常减速

14. 立井罐笼混合提升时，应设置表示（　　）、上下设备和材料，以及检修的灯光保留信号，并且各信号间应有闭锁。

A. 提人　　B. 提物　　C. 提煤　　D. 提矸石

E. 提矿车

15. 交班不交给（　　）和精神不正常的人。

A. 精神状态不佳　　B. 喝酒　　C. 无合格证者　　D. 安全不强

E. 责任心不强

16. 提升机房安全保卫制度要求：提高警惕，加强（　　）工作，保证提升设备的安全运行。

A. 防护　　B. 防汛　　C. 防火　　D. 防破坏

E. 防盗

17. 检修后必须试车，并做（　　）保护试验。

A. 过卷　　B. 限速　　C. 过负荷　　D. 过速

E. 松绳

18. 普通罐笼可分为（　　）。

A. 1 t　　B. 1. 5 t　　C. 3 t　　D. 8 t

19. 单绳普通罐笼的主体部分包括（　　）。

A. 骨架　　B. 罐盖　　C. 罐底　　D. 侧板和轨道

20. 根据井筒的倾角和提升容器的不同，矿井提升系统可分为（　　）提升系统。

A. 立井普通罐笼　　B. 立井箕斗　　C. 立井吊桶　　D. 斜井箕斗

E. 斜井串车

21. 防坠器主要由（　　）等部分组成。

A. 开动机构　B. 传动机构　C. 抓捕机构　D. 弹簧机构
E. 缓冲机构

22. 普通罐笼提升系统多用于（　）。
A. 提升矸石　B. 升降人员　C. 运送设备　D. 下放材料

23. 提升容器可分为（　）。
A. 罐笼　B. 箕斗　C. 矿车　D. 吊桶

24. 电路的组成（　）。
A. 电源　B. 负载　C. 中间环节　D. 油泵

25. 正常运转时电流表指针过大，其原因可能是（　）。
A. 容器有卡阻　B. 安全制动　C. 加速太慢　D. 超载

26. 提升机等速阶段运行时，突然发生安全制动，其原因可能是（　）。
A. 过负荷　B. 辅助电源停电
C. 主回路停电　D. 安全制动电磁铁断开

27. 中途停机难于辨别方向时，主提升机操作工采取的措施是（　）。
A. 直接启动　B. 向调度室汇报
C. 电话和井口信号工联系　D. 略一松闸确定卷筒转动方向

28. 提升机房油着火时，可能使用的灭火器材有（　）。
A. 水　B. 砂子　C. 二氧化碳灭火器　D. 干粉灭火器

29. 必须装设防坠器的提升容器有（　）。
A. 单绳提升罐笼　B. 多绳提升罐笼
C. 带乘人间的单绳箕斗　D. 多绳提升箕斗

30. 提升速度超过 3 m/s 的提升系统，必须装设（　）。
A. 防坠器　B. 限速装置　C. 过速装置　D. 防过卷装置

31. 提升机常采用的联轴器有（　）。
A. 齿轮联轴器　B. 蛇形弹簧联轴器
C. 液力偶合器　D. 十字滑块联轴器

32. 井底车场的信号必须经由井口信号工转发，但有下列情形（　）时不受此限。
A. 发送紧急停车信号　B. 不带乘人间的箕斗提升
C. 单容器提升　D. 自动化提升

33. 监护主提升机操作工的主要职责是（　）。
A. 认真进行巡回检查
B. 及时提醒主提升机操作工
C. 监护观察主提升机操作工的精神状态，当出现应紧急停车而主提升机操作工未操作时，监护主提升机操作工应及时采取措施
D. 负责接待和对外联系工作

34. 除交接班升降人员时外，在执行（　）任务时，也必须是正主提升机操作工操作，副主提升机操作工监护。
A. 运转炸药雷管等危险品　B. 吊运大型设备
C. 检修井筒　D. 实习主提升机操作工开车

35. 罐笼的防坠器应满足（ ）要求。

A. 在任何条件下都能迅速平稳、可靠地使断绳下坠的罐笼制动

B. 制动罐笼时必须保证人身安全

C. 结构简单可靠

D. 防坠器空行时间不超过0.25 s

36. 目前，我国矿井提升机的操作方式有（ ）。

A. 手动操作　B. 半自动操作　C. 自动操作　D. 联合操作

37. 巡回检查主要采用（ ）等方法。

A. 手摸　B. 目视　C. 耳听　D. 仪器检查

38. 提升机的检修工作分为（ ）。

A. 班检　B. 日检　C. 周检　D. 月检

39. 提升机主轴轴承发热、烧坏的原因是（ ）。

A. 缺润滑油或油路堵塞　B. 油质不良

C. 间隙小或瓦口垫磨轴　D. 与轴颈接触面积不够

40. 提升电动机过热的原因是（ ）。

A. 长期过负荷运行　B. 电源电压过高或过低

C. 电动机通风不良　D. 运行中电动机一相进线断开

41. 提升容器一般是指（ ）。

A. 箕斗　B. 矿车　C. 罐笼　D. 吊桶

E. 胶带

42. 矿井提升机必须装设的保险装置有（ ）。

A. 限速装置　B. 闸间隙保护装置

C. 防坠器装置　D. 防止过卷装置

E. 松绳保护装置

43. 提升容器主罐道的结构形式一般有（ ）。

A. 钢丝绳罐道　B. 组合罐道　C. 楔形罐道　D. 钢轨罐道

E. 木罐道

44. 提升机电气控制系统中的控制回路主要包括（ ）。

A. 电动机正反转回路　B. 调绳闭锁回路

C. 转子电阻控制回路　D. 自整角机深度指示器回路

E. 信号回路

45. 罐耳的作用是（ ）。

A. 使容器沿罐道运行　B. 减少容器摆动量

C. 防止坠罐事故　D. 增加容器摆动量

46. 立井箕斗提升速度图包括（ ）。

A. 初加速阶级　B. 主加速阶段　C. 等速阶段　D. 减速阶段

47. 提升机闸瓦过热的原因是（ ）。

A. 用闸过多且过猛　B. 闸瓦接触面积小于60%

C. 闸瓦接触面积大于60%　D. 闸瓦接触面积等于60%

48. 对于使用立井罐笼提升的系统，其安全门、罐位、提升信号、摇台、阻车器等之间的关系为（　　）。

A. 罐位与提升信号联锁，罐笼不到位无法发出开、停车信号

B. 安全门与提升信号联锁，安全门未关闭，发不出车信号

C. 摇台与罐位联锁，罐笼不到位，放不下摇台

D. 摇台与阻车器联锁，摇台抬起，阻车器才能放下

E. 阻车器与提升信号联锁，阻车器关闭后才能发出开车信号

49. 立井罐笼可以提升（　　）。

A. 矸石　　B. 升降材料设备　　C. 升降人员　　D. 只提升矸石

50. 深度指示器丝杠动作不灵活的原因是（　　）。

A. 丝杠弯曲　　B. 传动齿轮脱键　　C. 传动齿轮磨损　　D. 滚动齿轮磨损

51. 数控提升机的主控回路一般由（　　）部分组成。

A. PLC　　B. 通信模块　　C. 输入/输出模块　　D. 数据采集模块

52. 某矿提升机实行控制部分数字化改造后，经常会出现“同步请求故障”，产生的原因可能有（　　）。

A. 出现了“滑绳”　　B. 摩擦轮与钢丝绳有了位移

C. 检测位置的编码器出现故障　　D. 同步开关不起作用

53. 提升电动机过热的原因是（　　）。

A. 电源电压过低　　B. 电源电压过高　　C. 通风不良　　D. 长期过负荷

54. 提升机高压换向器触头发热的原因是（　　）。

A. 吸力线圈有问题　　B. 触头氧化　　C. 触头烧损　　D. 接触不严密

55. 煤矿供电方式有（　　）。

A. 三相三线制供电　　B. 多相供电　　C. 三相四线制供电

56. 提升电动机的调速度有（　　）。

A. 变极调速　　B. 变频调速　　C. 转子串电阻调速　　D. 脉动宽调速

57. TKD－A 型电气控制系统中使用的交流电压有（　　）。

A. 6000 V　　B. 380 V　　C. 220 V　　D. 110 V

E. 500 V

58. 人体触电的方式有（　　）。

A. 单相触电　　B. 两相触电　　C. 跨步电压触电　　D. 三相触电

59. 提升机电气制动主要有（　　）。

A. 发电制动　　B. 动力制动

C. 反接制动　　D. 变频和低频发电制动

60. TKD－A 型电气控制系统中安全回路可以完成（　　）等保护。

A. 测速断线　　B. 过卷　　C. 等速过速　　D. 加速过速

E. 减速过速

61. TKD－A 型电气控制系统中主回路的作用有（　　）。

A. 失压保护　　B. 过电流保护　　C. 控制电动机转向　　D. 调节转速

62. 矿井提升系统主要由（　　）组成。

A. 矿井提升机　　B. 电动机　　C. 电气控制系统　　D. 安全保护装置

三、判断题

1. 惯性滑行减速方式减速是目前提升机减速方式中唯一合理和正确的减速方式。（　）
2. 主提升机操作工在夜班操作时可以吸烟来缓解疲倦。（　）
3. 严禁当班主提升机操作工睡觉。（　）
4. 主提升机操作工在一个提升循环的运行操作中禁止换人。（　）
5. 斜井中向下运送货物时，应切断提升机电源，采用制动方式，严格控制下运速度。（　）
6. 斜井人车必须设置使跟车人在运行途中任何地点都能向主提升机操作工发送紧急停车信号的装置。（　）
7. 防坠器的两侧抓捕器发生制动作用，应使罐笼通过的距离不大于 0.5 m。（　）
8. 防坠器的制动绳（包括缓冲绳）至少每月检查 1 次。（　）
9. 在特殊情况下，主提升机操作工可以离开工作岗位，调整制动器。（　）
10. 盘形闸制动系统制动力矩的大小由不同的油压控制，油压的调节靠电液调压装置实现。（　）
11. 交流拖动一般采用“异步电动机 + 转子串电阻加速 + 高压接触器换向 + 动力制动减速 + 继电器控制”的传统控制方式。（　）
12. TKD - A 型电气控制系统主回路的作用是供给提升电机电源，实现失压、过电流保护，控制电动机的转向和调节转速。（　）
13. 主提升机操作工对提升机运行的最大速度，应根据个人经验掌握。（　）
14. 动力制动回路的作用是实现提升机电气制动。（　）
15. 自整角机深度指示器回路的作用是指示提升容器在井筒中的位置。（　）
16. 目前，我国矿井提升机的操作方式有两种，即手动操作和自动操作。（　）
17. 罐笼每层内一次能容纳的人数无须规定。（　）
18. 矿井提升机主要由工作机构、制动系统、机械传动系统、润滑系统、观测和操作系统、拖动控制系统和安全保护系统组成。（　）
19. 提升机在运转中再现安全保护装置动作突然停机后，应立即报告调度室，并将主令控制器把手置于“0”位，工作闸把手置于紧闸位。（　）
20. 轻度过卷造成保护装置动作，出现紧急制动后，不用向调度室汇报，由电工、信号工、绞车司机配合处理即可。（　）
21. 滚动轴承填入润滑油脂时，外盖里面的全部空间都要填满。（　）
22. 润滑油脂的滴点是指温度升高时，润滑油脂第一滴落下时的温度，用以衡量其耐热性。（　）
23. 升降人员和主要井口绞车信号装置的直接供电线路上，可以分接其他负荷。（　）
24. 提升信号系统与提升机控制系统之间应有闭锁，不发开车信号提升机不能启动或无法加速。（　）

25. 可调闸控制回路的作用是实现矿井提升机机械闸的松闸、紧闸自动控制。( )
26. 提升机房不得兼作他用，禁止存放易燃、易爆等危险物品。 ( )
27. 提升机房内必须设施齐全、完善、规范、整洁无杂物、无油污、无积水和积尘。 ( )
28. 提升设备定期检修的检查结果和修理内容应记入检修记录簿，并应由主提升机操作工签字。 ( )
29. 监护操作工必须及时提醒操作工减速、制动和停车。 ( )
30. 弹性联轴器的销子和胶圈磨损超限时应在周检中进行更换。 ( )
31. 信号系统的声光信号出现电气线路故障时，主提升机操作工有权自行处理。 ( )
32. 用闸过多、过猛是制动器瓦、闸轮过热或烧伤的主要原因之一。 ( )
33. 提升电动机过热与负荷大小无关，而主要影响因素是通风良好与否。 ( )
34. 提升机房必须挂有“机房重地，闲人免进”的字牌。 ( )
35. 机房或硐室必须备有足够数量的灭火器材。 ( )
36. 测速发电机在等速阶段发出的电压为直流 220 V。 ( )
37. 提升机运转中出现提升容器接近井位置时未减速，应立即断电，并用常用闸制动停车。 ( )
38. 在规定的接班主提升机操作工缺勤时，未经领导同意，交班主提升机操作工不得擅自离岗。 ( )
39. 提升机在运行中出现声响不正常，应立即断电，并用保险闸进行制动。 ( )
40. 等速阶段过速保护继电器 KGS_2 的整定电压为 253 V。 ( )
41. 绞车运行中，主提升机操作工不得与他人交谈。 ( )
42. 带电的电气设备、电缆及变压器油着火时，可以用泡沫灭火器灭火。 ( )
43. 提升机房发生电器火灾时，应尽快用水、黄沙、干粉灭火器等将火扑灭。( )
44. 安全回路的作用是保证提升机在正常、安全状态下启动运行；防止和避免提升机发生意外事故。 ( )
45. 深度指示器失效保护属于后备保护。 ( )
46. 升降人员用的钢丝绳，自悬挂时起每隔 1 年试验 1 次。 ( )
47. 对于单绳缠绕式提升机装置，专为升降物料的钢丝绳安全系数不得小于 6.5。 ( )
48. 换向器栅栏门有闭锁开关，灵敏可靠。 ( )
49. 火灾的“三要素”是指热源、可燃物和空气。 ( )
50. 斜井升降人员时的加速度和减速度不得超过 0.5 m/s^2。 ( )
51. 钢丝绳的最大悬垂长度是指井深和井架的高度之和。 ( )
52. 过卷开关安装位置符合规定，动作灵敏可靠。 ( )
53. 盘式制动器所产生制动力的大小与油压的大小成正比关系。 ( )
54. 《煤矿安全规程》规定，斜井矿车提升物料时，速度不得超过 9 m/s。 ( )
55. 主提升机安全制动器必须采用配重式或弹簧式的制动装置。 ( )

56. 《煤矿安全规程》规定，罐顶应设置可以打开的铁盖或铁门，一侧装设扶手。 ( )

57. 斜井人车发生断绳时，跟车工应打停车点。 ( )

58. 设备在试运转中有异常响声时，应确定其部位后再停车。 ( )

59. 脚踏开关动作灵敏可靠。 ( )

60. 提升机高压开关柜的过流继电器、欠压释放继电器整定正确，动作灵敏可靠。 ( )

61.《煤矿安全规程》规定，罐笼每层内1次能容纳的人数应明确规定。超过规定人数时，主提升机操作工必须制止。 ( )

62.《煤矿安全规程》规定，升降人员和物料的单绳提升罐笼可不装设防坠器。( )

63. 爬行主要有微拖动爬行、低频爬行、脉动爬行和降压爬行。 ( )

64.《煤矿安全规程》规定，摩擦轮式提升钢丝绳的使用期限不应超过3年。 ( )

65. 多绳摩擦提升机按布置方式分为塔式和落地式两种。 ( )

66. 提升绞车除设有机械制动外，还应设有电气制动装置。 ( )

67. 《煤矿安全规程》规定，严禁主提升机操作工离开工作岗位，擅自调整制动器。 ( )

68. 常用闸必须采用可调节的电气制动装置。 ( )

69. 防止过卷装置、防止过速装置、限速装置和减速功能保护装置应设置为相互独立的单线形式。 ( )

70. 使用罐笼提升的立井，井安全门必须在提升信号系统内设置闭锁，安全门没有关闭，发不出停车信号。 ( )

71. 主提升机操作工因精力不集中或误操作造成过卷、断绳等重大事故，应负直接责任。 ( )

72. 非紧急情况，运行中不得使用保险闸。 ( )

73. 斜井提升矿车脱轨时，可用绞车牵引复轨。 ( )

74. 当班主提升机操作长正在操作，提升机正在运行时，不得交与接班主提升机操作工操作。 ( )

75. 主提升机操作工不得随意变更继电器整定值和安全保护装置整定值。 ( )

76. 测速回路的作用是通过测速发电机，把提升机的实际速度测量出来，实现提升机调节。 ( )

77. 常用闸必须采用可调节的机械制动装置。 ( )

78. 液压油中混入气泡，不会引起系统不稳定。 ( )

79. 井口、井底和中间运输巷设置摇台时，必须在提升信号系统内设置闭锁装置，摇台未抬起，发不出开车信号。 ( )

80. 电气制动的方法主要包括发电制动、动力制动、反接制动、低频发电制动。 ( )

81. 提升机制动系统主要由制动器和液压传动装置组成。 ( )

82. 提升机安全回路动作后，可以将故障短接处理后继续提升。 ( )

83. 液压油的温度高低不影响提升机的安全运行。 ( )

84. 倾斜井巷运送人员的人车必须有顶盖，车辆上必须装有可靠的防坠器。 ( )
85. 斜井用矿车升降物料时，速度不得超过5 m/s。 ( )
86. 立井罐笼提升时，罐笼到位后即可打开安全门。 ( )
87. 立井中用罐笼升降人员时的最大速度不得超过12 m/s。 ( )
88. 立井罐笼提升时，罐笼安全门关闭后可发出开车信号。 ( )
89. 立井罐笼提升时，发出开车信号安全门能够打开。 ( )
90. 立井罐笼提升时，无论罐笼是否到位，都能够放下摇台和打开阻车器。 ( )
91. 立井罐笼升降人员时，特殊情况下可采用罐座。 ( )
92. 立井升降人员可采用普通罐笼和翻转罐笼。 ( )
93. 提升机操作工操作时，手不准离开手把，严禁与他人闲谈，开车后不得再打电话。 ( )
94. 主斜井内采用轨道运输时需要铺设罐道。 ( )
95. 单绳缠绕式提升机适用于单卷筒提升机。 ( )
96. 多绳摩擦式提升机适用于深井提升。 ( )
97. 立井中用罐笼升降人员时的加速度和减速度都不得超过0.75 m/s^2。 ( )
98. 双卷筒提升即为多绳提升。 ( )
99. 多绳摩擦式提升机用于提升量大的矿井。 ( )
100. 小型矿井采用立井罐笼提升可只装备一个井筒。 ( )
101. 提升矿车的罐笼内必须装有阻车器。 ( )
102. 双卷筒提升机调绳离合器的作用是使活卷筒与主轴连接或脱开，以便在调节绳长或更换水平时，能调节两个容器的相对位置。 ( )
103. 井底和井口必须同时设把钩工。 ( )
104. 同一层罐笼内可以采用人员和物料混合提升。 ( )
105. 制动器所产生制动力矩应不小于静力矩的3倍。 ( )
106. 动力制动与微机拖动均属负力减速。 ( )
107. TKD-A型电气控制系统中使用的交流电压有6 kV、380 V、220 V、110 V、36 V。 ( )
108. 提升容器接近井口时的速度不得大于2 m/s。 ( )
109. 矿井提升机的操作方式有手动操作、半自动操作和自动操作3种。 ( )
110. 触电方式分为单相触电、两相触电、跨步电压触电3种。 ( )
111. 安全电流是指发生触电时通过人体的最大触电电流不会使人致死、致伤。安全电流为30 mA。 ( )
112. 国产单绳缠绕式提升机主要有JT和JK两个系列。 ( )
113. 交流绕线型感应电动机定子接线有星形接法和三角形接法两种。 ( )
114. 矿井提升机减速阶段的减速方式有惯性滑行减速、电动机减速和制动减速3种。 ( )
115. 乘人层顶部应设置可以打开的铁盖或铁门，两侧装设扶手。 ( )
116. 提升矿车的罐笼内必须装有阻车器，以保证可靠地挡住矿车，防止罐笼运行中矿车溜出造成恶性事故。 ( )

117. 矿车主要由车厢、车架、轮对和连接器组成。 ( )

118. 防坠器主要由开动机构、传动机构、抓捕机构和缓冲机构组成。 ( )

119. 矿井提升机减速器的作用：一是把电机的输出转速降低到卷筒所需的工作转速；二是把电动机的输出力或扭矩增加到卷筒所需的力或扭矩。 ( )

120. 我国生产的大型多绳摩擦式提升机主要有JKM系列、JKMD系列和JKD系列。 ( )

121. 深度指示器根据其动作原理可分为机械式、机械电子混合式和数字式。 ( )

122. 提升机操纵台是提升机操作工向提升机发出各种运行指令信号的传递机械。 ( )

123. 矿井提升机的主轴承与减速器的润滑均由润滑泵站集中供油。 ( )

124. 提升机必须装备有操作工不离开座位即能操纵的常用闸和保险闸。保险闸必须能自动发生制动作用。 ( )

125. 盘闸制动系统包括盘闸制动器和液压站两部分。 ( )

126. 当提升速度超过最大速度15%时，必须能自动断电，并能使保险闸发生作用。 ( )

127. 在提升机的配电开关上设有过电流和欠电压保护装置。 ( )

128. 提升速度超过3 m/s的提升绞车必须装设限速装置。 ( )

129. 当指示器的传动系统发生断轴、脱销等故障时，能自动断电并使保险闸发生作用。 ( )

130. 电气设备的主要保护装置有保护接地、保护接零、过流保护和失压过压保护。 ( )

131. 按照触电时对人体伤害的程度，触电可分为电击和电伤两种。 ( )

132. 拖动控制和安全保护系统的作用是控制提升机运行和实现提升机的安全保护。 ( )

133. 安全电流为30 mA和安全电压为36 V。 ( )

134. 矿井提升机每一提升周期都要经过启动、加速、等速、减速、爬行到停车的运动过程。 ( )

135. 矿井提升机常用的电动机主要有交流绕线型感应电动机、直流他励电动机、交流同步电动机。 ( )

136. 绕线型感应电动机主要数据有额定功率、额定电压、额定电流、额定频率、额定转速、功率因数、允许升温。 ( )

137. 润滑系统的作用是在提要升机工作时，不间断地向主轴、减速器轴承和啮合齿面压进润滑油，以保证轴承和齿轮良好的工作。 ( )

138. TKD－A型电控系统一律附加8级启动电阻；JKMK/J型电控系统一律附加10级启动电阻。 ( )

139. 矿井提升机交流拖动控制系统主要由主电动机、高压开关柜、高压换向器、动力制动接触器或低频电源接触器、磁力站、电气制动电源装置、操作台、辅助控制设备等部分组成。 ( )

140. TKD－A电气控制系统由主回路、辅助回路、测速回路、安全回路、控制回路、

可调闸回路、调绳闭锁回路、减速阶段限速保护回路、动力制动回路和自整角机深度指示器回路等10个部分组成。 ( )

141. 信号电源电压不得大于127 V，必须设置独立的信号电源变压器及电源指示灯。 ( )

142. 井筒和巷道内的信号电缆应与电力电缆分挂在井巷的两侧。 ( )

143. 工作信号必须声光兼备，警告信号必须为音响信号，一般指示信号为灯光信号。 ( )

144. 信号系统与提升机控制系统之间应有闭锁，不发开车信号提升机不能启动或无法加速。 ( )

第一部分 基 本 知 识

一、填空题

1. B 2. B 3. C 4. B 5. B 6. B 7. B 8. C 9. C 10. C 11. C 12. C
13. B 14. C 15. B 16. A 17. C 18. C 19. C 20. A 21. B 22. A 23. B 24. C
25. C 26. A 27. A 28. C 29. C 30. C 31. A 32. C 33. C 34. A 35. B 36. B
37. B 38. B 39. B

二、判断题

1. √ 2. √ 3. √ 4. × 5. √ 6. √ 7. × 8. × 9. × 10. √
11. × 12. √ 13. × 14. √ 15. √ 16. × 17. × 18. √ 19. × 20. ×
21. × 22. × 23. × 24. √ 25. √ 26. √ 27. √ 28. × 29. × 30. √
31. √ 32. √ 33. √ 34. × 35. ×

三、多选题

1. ABEG 2. ABC 3. ACDE 4. ABC 5. AB 6. ABCDE 7. ABD 8. ABCD
9. ABCD 10. ACD 11. ABCD 12. ABC 13. ABCD 14. ACD 15. BD 16. BD
17. BC 18. ABCD 19. ABCD 20. CD

第二部分 专 业 知 识

一、单选题

1. A 2. B 3. B 4. C 5. A 6. B 7. B 8. A 9. C 10. A
11. C 12. C 13. A 14. C 15. B 16. C 17. A 18. C 19. A 20. C
21. B 22. B 23. B 24. C 25. C 26. B 27. B 28. A 29. C 30. B
31. A 32. B 33. C 34. C 35. A 36. C 37. B 38. B 39. C 40. A

41. B　42. C　43. C　44. A　45. C　46. B　47. B　48. B　49. A　50. C
51. A　52. C　53. B　54. B　55. B　56. A　57. B　58. A　59. A　60. B
61. B　62. C　63. B　64. A　65. A　66. A　67. A　68. A　69. A　70. B
71. C　72. C　73. A　74. B　75. B　76. D　77. C　78. B　79. D　80. C
81. B　82. C　83. A　84. C　85. C　86. B　87. C　88. B　89. A　90. A
91. A　92. D　93. B　94. A　95. C　96. A　97. B　98. B　99. D　100. C
101. A　102. A　103. C　104. A　105. C　106. A　107. C　108. B　109. C　110. A
111. A　112. B　113. A　114. B　115. B　116. A　117. C　118. B　119. B　120. C

二、多选题

1. AC　2. BC　3. AB　4. AC　5. ACD　6. ADE　7. ABC
8. ABD　9. ABC　10. ABCE　11. ABCD　12. ABC　13. ABE　14. AB
15. BC　16. CDE　17. AE　18. ABC　19. ABCD　20. ABDE　21. ABCE
22. ABCD　23. ABCD　24. ABC　25. ACD　26. ABCD　27. CD　28. BCD
29. AC　30. BD　31. AB　32. ABCD　33. ABCD　34. ABC　35. ABCD
36. ABC　37. ABC　38. BCD　39. ABCD　40. ABCD　41. ABCD　42. ABDE
43. ABDE　44. ACE　45. AB　46. ABCD　47. AB　48. BCE　49. ABC
50. ABC　51. ABCD　52. ACD　53. ABCD　54. BCD　55. AC　56. ABCD
57. ABC　58. ABC　59. ABCD　60. ABCE　61. ABCD　62. ABCD

三、判断题

1. ×　2. ×　3. √　4. √　5. ×　6. √　7. √　8. ×　9. ×
10. √　11. √　12. √　13. ×　14. √　15. √　16. ×　17. ×　18. √
19. √　20. ×　21. ×　22. √　23. ×　24. √　25. √　26. √　27. √
28. ×　29. √　30. ×　31. ×　32. √　33. ×　34. √　35. √　36. √
37. ×　38. √　39. ×　40. √　41. √　42. ×　43. ×　44. √　45. ×
46. ×　47. √　48. √　49. √　50. √　51. ×　52. √　53. ×　54. ×
55. √　56. ×　57. ×　58. ×　59. √　60. √　61. ×　62. ×　63. √
64. ×　65. √　66. √　67. √　68. ×　69. ×　70. ×　71. √　72. √
73. ×　74. √　75. √　76. √　77. √　78. ×　79. √　80. √　81. ×
82. √　83. ×　84. √　85. √　86. ×　87. √　88. √　89. ×　90. ×
91. ×　92. ×　93. √　94. ×　95. ×　96. √　97. √　98. ×　99. ×
100. √　101. √　102. √　103. √　104. ×　105. √　106. ×　107. √　108. √
109. √　110. √　111. √　112. √　113. √　114. √　115. √　116. √　117. √
118. √　119. √　120. √　121. √　122. √　123. √　124. √　125. √　126. √
127. √　128. √　129. √　130. √　131. √　132. √　133. √　134. √　135. √
136. √　137. √　138. √　139. √　140. √　141. √　142. √　143. √　144. √

参 考 文 献

[1] 毋虎城，裴文喜．矿山运输与提升设备［M］．北京：煤炭工业出版社，2004.
[2] 伍斌．电力拖动与控制［M］．徐州：中国矿业大学出版社，2000.
[3] 隆泗．主提升机司机［M］．北京：煤炭工业出版社，2006.
[4] 国家安全生产监督管理总局宣传教育中心．提升机司机［M］．徐州：中国矿业大学出版社，2009.

编　后　记

《特种作业人员安全技术培训考核管理规定》（国家安全生产监督管理总局令第30号　2010年5月24日）发布后，黑龙江省煤炭生产安全管理局非常重视，结合黑龙江省煤矿企业特点和煤矿特种作业人员培训现状，决定编写一套适合本省实际的煤矿特种作业人员安全培训教材。时任黑龙江省煤炭生产安全管理局局长王权和现任局长刘文波都对教材编写工作给予高度关注，为教材编写工作的顺利完成提供了极大的支持和帮助。

在教材的编审环节，编委会成员以职业分析为依据，以实际岗位需求为根本，以培养工匠精神为宗旨。严格按照煤矿特种作业安全技术培训大纲和安全技术考核标准，将理论知识作为基础，把深入基层的调查资料作为依据，努力使教材体现出教、学、考、用相结合的特点。编委会多次召开研讨会，数易其稿，经全体成员集中审定，形成审核稿，并请煤炭行业专家审核把关，完成了这套具有黑龙江鲜明特色的煤矿特种作业人员安全培训系列教材。

本套教材的编审得到了黑龙江龙煤矿业控股集团有限责任公司、黑龙江科技大学、黑龙江煤炭职业技术学院、七台河职业学院、鹤岗矿业集团有限责任公司职工大学等单位的大力支持和协助，在此表示衷心感谢！由于本套教材涉及多个工种的内容，对理论与实际操作的结合要求高，加之编写人员水平有限，书中难免有不足之处，恳请读者批评指正。

《黑龙江省煤矿特种作业人员安全技术培训教材》

编　委　会

2016年5月

图书在版编目（CIP）数据

煤矿提升机操作工/韩忠良，郝万年主编．--北京：煤炭工业出版社，2016

黑龙江省煤矿特种作业人员安全技术培训教材

ISBN 978-7-5020-4516-6

Ⅰ.①煤… Ⅱ.①韩… ②郝… Ⅲ.①矿井提升机—操作—安全培训—教材Ⅳ.①TD534

中国版本图书馆CIP数据核字（2014）第087273号

煤矿提升机操作工
（黑龙江省煤矿特种作业人员安全技术培训教材）

主　　编　韩忠良　郝万年
责任编辑　李振祥　闫　非　籍　磊
责任校对　邢蕾严
封面设计　王　滨

出版发行　煤炭工业出版社（北京市朝阳区芍药居35号　100029）
电　　话　010-84657898（总编室）
　　　　　010-64018321（发行部）　010-84657880（读者服务部）
电子信箱　cciph612@126.com
网　　址　www.cciph.com.cn
印　　刷　北京玥实印刷有限公司
经　　销　全国新华书店

开　　本　787mm×1092mm $^1/_{16}$　印张　$10^3/_4$　字数　243千字
版　　次　2016年9月第1版　2016年9月第1次印刷
社内编号　7391　　定价　27.00元